国家卫生健康委员会“十三五”规划教材配套教材
全国高等学校配套教材
供本科应用心理学及相关专业用

发展心理学
学习指导与习题集

第2版

主　编　马　莹
副主编　杨美荣　吴寒斌
编　者（以姓氏笔画为序）

马　莹	上海海洋大学	徐　伟	滨州医学院
刘爱书	哈尔滨师范大学	姬　菁	陕西中医药大学
杨美荣	华北理工大学	温子栋	天津中医药大学
吴寒斌	江西中医药大学	谢杏利	蚌埠医学院
周　莉	大连医科大学	蔡珍珍	齐齐哈尔医学院
赵　岩	上海市教育科学研究院		

人民卫生出版社

图书在版编目（CIP）数据

发展心理学学习指导与习题集 / 马莹主编 . -- 2 版
. -- 北京：人民卫生出版社，2018
全国高等学校应用心理学专业第三轮规划教材配套教材

ISBN 978-7-117-26912-4

Ⅰ. ①发… Ⅱ. ①马… Ⅲ. ①发展心理学 – 医学院校 – 习题集 Ⅳ. ①B844-44

中国版本图书馆 CIP 数据核字（2018）第 191116 号

人卫智网	www.ipmph.com	医学教育、学术、考试、健康，购书智慧智能综合服务平台
人卫官网	www.pmph.com	人卫官方资讯发布平台

发展心理学学习指导与习题集
第 2 版

主　　编：马　莹
出版发行：人民卫生出版社（中继线 010-59780011）
地　　址：北京市朝阳区潘家园南里 19 号
邮　　编：100021
E - mail：pmph @ pmph.com
购书热线：010-59787592　010-59787584　010-65264830
印　　刷：三河市博文印刷有限公司
经　　销：新华书店
开　　本：787 × 1092　1/16　　印张：10
字　　数：250 千字
版　　次：2013 年 3 月第 1 版　　2018 年 12 第 2 版
　　　　　2018 年 12 月第 2 版第 1 次印刷（总第 2 次印刷）
标准书号：ISBN 978-7-117-26912-4
定　　价：28.00 元
打击盗版举报电话：010-59787491　E-mail：WQ @ pmph.com
（凡属印装质量问题请与本社市场营销中心联系退换）

前　言

因为课堂教学时间的有限性，学生很难在教材方面或者课堂里获得更多的专业知识，而且，专业研究的一些经典案例或实验由于教材字数的限制，也较难详尽地介绍给学生。学生在学习过程中也很难掌握教材内容中的重点难点。

因此，作为《发展心理学》学习指导用书，为了有效地指导学生进一步学习，作者根据教材的章节顺序与内容，提出了学习要求、重点难点、内容精要等指引。根据各章教学目标，增加了专家学者、经典实验、经典案例、实验设计等进一步理解教学内容的参考知识。为满足学生进一步考研学习的需求，还拓展了许多内容丰富的知识与课外读物，如阅读拓展、文献书籍以及阅读的途径（书籍、网站资源推荐）等；并且在每章后附本章的巩固习题与答案，供学生参考。当然《发展心理学》学习指导用书，也可以满足教师想进一步拓展知识的需求。

希望这本配套教材能成为《发展心理学》学习的有效指导读物。

马　莹

2018年6月

目　　录

第一章　绪　论

一、学习要求

1. **掌握**　发展心理学的概念和学科属性；发展心理学研究的内容与对象；发展心理学的基本问题；研究发展心理学所用的方法与设计。

2. **熟悉**　学者在发展心理学研究中提出的问题以及对问题不同诠释的理论观点；能结合实际应用发展心理学的研究方法与设计在实际生活中研究人类心理的发展。

3. **了解**　发展心理学的发展历史与现状，遗传与环境教育等因素在人类心理发展中的作用。

二、重点难点

1. **重点**　发展心理学中的理论问题。

2. **难点**　发展心理学的研究设计与方法；个体心理发展年龄特点。

三、内容精要

本章主要阐述发展心理学历史发展与目前中西方研究发展趋势；发展心理学研究内容、研究方法以及研究设计；发展心理学的基本理论问题，也就是关于遗传素质和环境教育因素在个体心理发展中的作用是什么？个体心理发展是连续性与阶段性有机统一？个体心理发展的内在动力与外在动力之间有着怎样的关系？全章以概要的方式探索人类个体心理发展的规律，并展望中国发展心理学研究的未来。

四、阅读拓展

（一）书籍

1.**《发展心理学：人的毕生发展（第4版）》**［美］费尔德曼著，苏彦捷等译，世界图书出版公司，2007年版。

简介：讲述了生命的历程，从受孕开始；人生的发展，从出生开始。心理学可以帮助人们提高生活质量，发展心理学更是和我们每个人的生活密切相关。尽管学习发展心理学这门课程有很多学术目标，但还有一个根本的作用，那就是帮助我们做好父母（了解孩子们）；做好自己（了解青年人）；做好子女（了解中老年人）

2.**《应用发展心理学——当代发展心理学丛书》**　桑标著，浙江教育出版社，2008年版。

简介：早在我国的孔子和古希腊的亚里士多德所处的时代，人们就极为关注自身的发展问题，而致力于探讨和解决发生在母腹到坟墓之间的人的一生中所有心理变化问题的学科——发展心理学，这是一门帮助人们关注、认识和思考自身发展奥秘的科学。从1882年德国心理学家普莱尔的《儿童心理》一书出版至今，发展心理学已走过一个多世纪的历程。随着社会的进步，发展科学越来越显现出它的重要价值。

3.**《超常儿童发展心理学》** 施建农，徐凡著，安徽教育出版社，2004年版。

简介：当前，未成年人的健康成长受到全社会关注。那么，如何探究社会转型和由此引起的家庭结构、功能、需要的变化对儿童的影响？如何有效地预防解决网络成瘾、自闭等儿童不断增加的心理行为问题？如何更好地认识、了解、开发儿童的潜能和创造力，使他们成为适应社会发展需要的创造性人才？该书可以为解决上述难题出谋划策，对未成年人心理发展与教育具有现实指导意义。

4.**《儿童心理学》** 朱智贤著，人民教育出版社，1994年版。

简介：这是我国第一部贯彻马克思主义观点、吸收国内外科学成就、联系我国实际、能够体现我国当前学术水平的综合大学和高等师范院校的儿童心理学教科书，曾受到国内外学者的高度评价，对培养我国心理学、教育学的专业人才和科学研究工作都具有重要意义。

（二）专家学者

1. **普莱尔** 德国生理学家和实验心理学家普莱尔（W. T. Preyer）是儿童心理学的创始人。他对自己的孩子从出生到3岁每天进行系统观察，有时也进行一些实验性的观察，最后把这些观察记录整理成一部有名的著作《儿童心理》，于1882年出版。这本书被公认是第一部科学的、系统的儿童心理学著作，包括三部分：儿童感知的发展，儿童意志（或动作）的发展，儿童理智（或言语）的发展。在《儿童心理》一书中，普莱尔肯定了儿童心理研究的可能性，并系统地研究了儿童的心理发展；他比较正确地阐述了遗传、环境与教育在儿童心理发展上的作用，并旗帜鲜明地反对当时盛行的“白板说”；他运用系统观察和传记的方法，开展了比较研究，对比了儿童与动物的异同点，对比了儿童智力与成人特别是有缺陷的成人智力的异同点，为比较心理学乃至发展心理学作出了不可磨灭的贡献。

为什么说普莱尔是科学儿童心理学的奠基人呢？这是由他的《儿童心理》的问世时间、写作目的和内容、研究方法和手段及《儿童心理》的影响这四个方面共同决定的。

从时间上看，《儿童心理》一书于1882年出第1版，1884年出第2版，是儿童心理研究一类著作中较早出版的一本。

从写作的目的和内容上看，普莱尔之前的学者不完全是以儿童心理发展作为科学研究的课题，即使像达尔文那样的科学家，其研究目的主要是为进化论提供依据，其著作内容主要也是从进化论角度来加以论述的。而普莱尔则不同，他写书的目的则是为了研究儿童心理的特点，即对儿童的体质发育和心理发展分别加以专门的研究，他也正是从这一角度来展开他的研究内容的。因此，从一开始他的《儿童心理》就是以儿童心理学的完整体系出现的。

从研究方法和手段上看，普莱尔对其孩子从出生起直到3岁不仅每天作有系统的观察，而且也进行心理实验，即科学心理学的实验研究。普莱尔把他所有的观察、实验记录整理出来，撰写了《儿童心理》。

从影响上看，《儿童心理》一问世，就受到国际心理学界的重视，各国心理学家都把它看成是儿童心理学的经典著作，并先后译成十几种文字出版，向全世界推广，于是儿童心理学研究也随之蓬勃地开展起来。因此，《儿童心理》的价值是可贵的，影响是深远的。

普莱尔的研究工作，对当前国际心理学界所开展的儿童早期心理的研究，也仍然起着作用。普莱尔的研究对象主要是3岁前的儿童，在他之后发展起来的儿童心理学，研究对象逐渐扩大，在年龄上主要注意幼儿或小学儿童，有的则是年龄更大的被试。近百年来，在儿童心理发展的各个阶段的研究文献中，婴儿时期（0～3岁）的个体由于语言还不够发达，加上研究方法和技术问题，这方面的研究材料无论从数量上或质量上说都很不够。但是近年来，由于妇女就业率的不断增长，早期智力、早期经验和早期教育问题的提出，心理或意识起源的研究等原因，加上研究技术上的进步，婴儿或早期研究进展很快，特别是对婴儿认知能力问题（如注视时间、动作表现、物体辨认、心率及其他生理变化等）的研究的进展更为迅速。在研究内容上，与普莱尔当年的观察课题极为吻合，从普莱尔重视婴儿心理的研究，到忽视这方面的研究，又回到积极开展这方面的工作，正好形成"否定之否定"的状态。

由此可见，普莱尔的《儿童心理》一问世，就给科学的儿童心理学奠定了最初的基石。

2. 霍尔 虽然德国心理学家普莱尔被认为是儿童心理学的创始人，但真正推动儿童心理研究的却是美国心理学的先驱霍尔（图1-1）。他将心理学研究方法运用到真实世界中的儿童身上。"儿童成为霍尔的实验室"，并以此为基点建立了真正属于美国人的心理学。

图1-1 霍尔

霍尔对儿童与教育心理学最重要的理论贡献在于他提出了"复演论"。霍尔生活的时期，进化论已得到广泛传播，有人甚至用进化论解释一切。在生物学界，一些学者提出人类胚胎的发育复演了动物的进化过程。如人的生命胚胎是由一个单细胞发育而来。单细胞是动物最初的生命形式。又如，在胎儿发展的某个阶段具有鳃裂，这似乎复演了鱼类发展阶段的特点。再如，胎儿在一段时期里有尾巴，这复演了脊椎动物的特点。霍尔本人对进化论有浓厚的兴趣，他曾在自传中谈到自己对"进化"一词非常着迷，以至于听到进化论就好像听到了动听的音乐。他认为所有的学科都应该以进化论为基础，进化论不仅可以解释人类种系的产生和演变，而且可以解释人类个体的变化和发展。

（三）经典实验

1. 格赛尔和他的双生子爬梯试验 美国心理学家格塞尔曾经做过一个著名的实验：让一对同卵双胞胎练习爬楼梯。其中一个为实验对象（代号为T）在他出生后的第46周开始练习，每天练习10分钟。另外一个（代号为C）在他出生后的第53周开始接受同样的训练。两个孩子都练习到他们满54周的时候，T练了8周，C只练了2周。

这两个小孩哪个爬楼梯的水平高一些呢？大多数人认为应该是练了8周的T比只练了2周的C好。但是，实验结果出人意料——只练了两周的C爬楼梯的水平比练了8周的T好——C在10秒钟内爬上那特制的五级楼梯的最高层，T则需要20秒钟才能完成。

格塞尔分析说，其实46周就开始练习爬楼梯，为时尚早，孩子没有做好成熟的准备，所以训练只能取得事倍功半的效果；53周开始爬楼梯，这个时间就非常恰当，孩子做好了成熟的准备，所以训练就能达到事半功倍的效果。

在现实中，有些年轻父母，往往不按照孩子发展的内在规律人为地通过训练来加速孩子的发展。孩子一般3个月时会俯卧，能用手臂撑住抬头，4～6个月会翻身，7～8个月会坐会爬，1岁左右才会站立或独立行走。心急的父母们则通过"学步车"等，让孩子越过"爬"

的阶段，或者很少让孩子爬，就直接学走路。这种“跨越式的发展”，虽然能早早地学会走路，但过早走路，容易把孩子的双腿压弯，影响形体健美，还容易形成扁平足，还是造成孩子日后走路步伐不稳，跌跌撞撞的原因。

在促进孩子心理发展方面，认为加速孩子的发展，同样会对孩子心理的健康发展造成影响。幼儿期的孩子正处于“游戏期”，这个时期的教育应以游戏为主，在游戏中发展孩子的感官，激发孩子的心智，培养孩子的社会能力。不少的家长却认为游戏浪费了孩子的时间，因而提前教孩子学习知识或者才艺，将孩子提前到不成功便失败的压力之下，会使孩子养成退缩的不良个性。

格塞尔认为：先天的成熟和后天的学习是决定儿童心理发展的两个基本因素，在这两个因素中，他更强调成熟的作用。

2. 人的本性是天生的吗

（1）理论假设：找两个具有相同基因的人，从出生起就把他们分开，在截然不同的环境中把他们抚养成人。然后你就可以假定，到他们成年时，他们的行为和人格的相同之处便是遗传因素所致。但研究者到底怎样才能找到两个一模一样的人呢（别回答“克隆”，我们还没有到那一步）？即使我们能找到，要强迫他们进入完全相反的生存环境也很不道德，不是吗？正如你已经猜到的那样，研究者没必要这么做。社会已经为他们做好了这一切：同卵双胞胎实际上就是具有完全一致的遗传结构。之所以称其为同卵双胞胎是因为他们始于同一个受精的卵子，简称受精卵，然后才分裂成为两个相同的胚胎。异卵双胞胎和其他非双胞胎的兄弟姐妹一样，仅具有遗传的相似性。不幸的是，双胞胎弃婴被不同家庭所收养的情况时有发生。收养机构也尽力把兄弟姐妹放在一起，特别是双胞胎，但更重要的是要为他们找到一个好的家庭，尽管这异卵双胞胎为不同的家庭所收养，他们在不同的，有时甚至是反差强烈的环境里长大，而且人们通常都不知道他们还有个双胞胎兄弟姐妹。

鲍查德和莱肯从 1983 年便开始鉴定、寻找这类双胞胎并将他们集中起来，他们最终找到了 56 对分开养育的同卵双胞胎（MZA），这 56 对双胞胎来自美国等 8 个国家，他们同意参加为期一周的心理测验和生理测量。在进行进一步研究分析后，鲍查德等人于 1990 年完成了这篇研究报告（这项研究是在明尼阿波利斯市进行的，该市与圣保罗市是美国著名的“双子城”，该项研究在该市进行，似乎有点嘲弄的味道）。研究者将这些双胞胎与那些共同成长的同卵双胞胎（MZT）进行比较，得出了惊人的发现，在整个生物与行为科学领域引起了巨大反响。

（2）被试：这项研究所面临的第一个挑战就是要寻找那些早年分离、成长环境不同、成年后才相聚的同卵双胞胎。研究者要进行这项研究的消息以口头传播方式流传开来以后，找到了许多被试。双胞胎本人、朋友或家庭成员与明尼苏达双胞胎收养和研究中心（MICTAR）取得联系，该机构里从事各种社会公益事业的专业人员也在其中协助进行联系工作。有时，也会出现双胞胎之一与中心取得联系并寻求帮助的情况，他们希望找到自己的兄弟姐妹。所有的双胞胎在参加研究之前均经过检测以确保他们确实是同卵双胞胎。

（3）程序：研究者想要在双胞胎来访的一周内获得足够多的资料。每一名被试完成将近 50 小时的测试，测试内容几乎涵盖你可以想到的每个维度。他们完成了四种人格特质量表、三种能力倾向和职业兴趣问卷、两项智力测验。另外，被试还要填写一张家用物品清单（例如：家用电器、望远镜、艺术珍品和《辞海》等），以评估其家庭背景的相似性；一张家庭环境量表以测量他们对养父母方式的感受。他们还要进行个人生活史、精神病学以及性生活史等三次访谈。每名被试的所有项目全部分开独立完成，以避免一对双胞胎间存在不经意的相互影响。

表 1-1 显示了分开养育的同卵双胞胎（MZA）在某些特征上的相似性，也包含了养育在一起的同卵双胞胎（MZT）在该方面的测量结果。相似程度在表中用相关系数或相关值“R”来表示。相关系数越大，其相似程度越高。在此有这样一个逻辑假设：

表 1-1 分开养育的同卵双胞胎（MZA）与养育在一起的同卵双胞胎（MZT）在某些特征上的相关系数（R）的比较

特征	R(MZA)	R(MZT)	相似性 R(MZA)/R(MZT)
生理	–	–	–
脑电波活动	0.80	0.81	0.987
血压	0.64	0.70	0.914
心率	0.49	0.54	0.907
智力	–	–	–
韦氏成人智力量表	0.69	0.88	0.784
瑞文智力测验	0.78	0.76	1.030
人格	–	–	–
多维人格问卷（MPQ）	0.50	0.49	1.020
加利福尼亚人格问卷	0.48	0.49	0.979
心理兴趣	–	–	–
史特朗 - 康久尔兴趣问卷	0.39	0.48	0.813
明尼苏达职业兴趣量表	0.40	0.49	0.816
社会态度	–	–	–
宗教信仰	0.49	0.51	0.961
无宗教信仰社会态度	0.34	0.28	1.210

结果是尽管家庭环境大相径庭，但那些双胞胎依然在很多特征上相关。主要结论：

1）智力主要是由遗传因素决定的。（智力差异中的 70% 都可以归因于遗传的影响）

2）人的特性是由遗传和环境的综合影响决定的。

3）并非环境影响着人的特性，恰恰相反，是人的特性影响着环境。

（四）经典案例

1. 心理发展的关键期

（1）狼孩事件：1920 年，在印度加尔各答东北的一个名叫米德纳波尔的小城，人们常见到有一种“神秘的生物”出没于附近森林，往往是一到晚上，就有两个用四肢走路的“像人的怪物”尾随在三只大狼后面。后来人们打死了大狼，在狼窝里终于发现这两个“怪物”，原来是两个裸体的女孩。其中大的年约七八岁，小的约两岁。这两个小女孩被送到米德纳波尔的孤儿院去抚养，还给她们取了名字，大的叫卡玛拉，小的叫阿玛拉。到了第二年阿玛拉死了，而卡玛拉一直活到1929年。这就是曾经轰动一时的“狼孩”一事。（图1-2）

图1-2 印度狼孩

狼孩刚被发现时，生活习性与狼一样；用四肢行走；白天睡觉，晚上出来活动，怕火、光和水；只知道饿了找吃的，吃饱了就睡；不吃素食而要吃肉（不用手拿，放在地上用牙齿撕开吃）；不会讲话，每到午夜后像狼似的引颈长嚎。卡玛拉经过7年的教育，才掌握45个词，勉强地学几句话，开始朝人的生活习性迈进。她死时估计已有16岁左右，但其智力只相当于3、4岁的孩子。

（2）最新发现：人们还发现过熊孩、豹孩、猴孩以及绵羊所哺育的小孩。他们也和狼孩一样，具有抚育过他们的野兽的那些生活习性。20世纪70年代，印度又发现了一个狼孩，人们正在进一步研究，试图揭开狼孩生活的全部秘密。

（3）案例感想：人类的知识技能是社会实践的产物，脱离了社会走进动物的社会就不会形成人类的特点，才能、天赋所有人说是与生俱来的，但不妨也可以说是环境造就，在还未形成稳定的人格特点前就丧失了人类生存的集体环境，就会像狼孩一样，有嘴不能说，有脑不会思维，有腿不能直立行走，与动物无异。

2. 看不见≠不存在

皮亚杰是心理学史上最有影响力的人物之一，他的研究不仅引发了发展心理学的一场革命，并为其后的智力结构研究奠定了基础。

皮亚杰用非结构式的评价方法研究了客体永久性这一认知技能的发展过程。由于观察对象是婴幼儿，皮亚杰的研究常以游戏的形式出现。在这些游戏中，他与他的孩子们一起玩耍，通过对他们问题解决的能力以及在游戏中所犯错误观察，皮亚杰发现在感觉运动阶段之中还有六个小阶段，这六个小阶段与物体概念的形成有关。为使你更好地领略他的研究风格，下面我们将对这六个阶段作一简要介绍，并穿插一些皮亚杰观察日记中与此相关的案例。（图1-3）

图 1-3 客体永久性实验

阶段Ⅰ(出生～1个月)

在此阶段中我们能观察到婴儿对喂养和接触的行为反射，但没有任何与客体永久性有关的迹象出现。

阶段Ⅱ(1～4个月)

在第二阶段中，仍然没有出现与客体永久性概念有关的任何迹象，但有些行为却被皮亚杰认为是客体永久性概念的前期准备：婴儿开始有目的地重复以自己身体为中心的各种动作。例如，如果婴儿的手偶然碰到了自己的脚，他也许会反复作出同样的动作以使这种现象反复出现，皮亚杰将其称为“初级循环反射”。在这一阶段，婴儿还可以用他们的眼睛追随物体。通常，当一个物体离开他们的视野时，他或她的视线将会继续停留在物体消失的那个点上，好像希望这个物体能在此出现。这种现象似乎是客体永久性概念的一种表现，但皮亚杰并不这样认为，因为这时的孩子还不会去主动寻找消失了的物体，如果物体不再出现，他们将会把注意力转到别的物体上，皮亚杰把这种行为称作“被动期待”。下面是皮亚杰与他的儿子洛朗之间一次互动的情况，它可以说明以上这一点。

如，**观察2** 洛朗2个月大时，我透过摇篮的顶棚观察他，我总在某个固定点出现，当我离开他的视线时，洛朗就盯着那个点看，急切地希望我再次出现。

孩子的目光仅限于物体消失的那个地方：如果没有别的东西再次出现，那么在他的脑海里只会留下对物体知觉的一些感受，他不会再去探寻物体的去向。如果他的头脑中有物体的概念……他便会主动去各种可能的地方寻找物体的下落……但正是在这一点上他是无能为力的，因为对他而言，消失的物体还不是“永久的客体”，它仅仅是一个表象，一旦消失就无迹可寻，有时却又莫名其妙的出现。

阶段Ⅲ(4～10个月)

在这个阶段，孩子们开始有目的地反复操纵在环境中偶然遇到的物体(二级循环反射)。他们开始伸出手来力图抓住那些东西，用力摇它们，把它们拿到眼前仔细观察或放进嘴里。同时，孩子们的快速眼动能力也开始发展，他们的眼睛能追踪迅速移动或落下的客体。在这个阶段的后期，首次出现了“客体永久性”的信号，例如，如果孩子们看见了物体的一小部分，那么他们便会开始寻找那些在视线中还很模糊的物体。

如，**观察23** 在吕西安娜9个月大时，我给了她一只她以前从未见过的赛璐鹅。它立即抓住它，将它仔仔细细地研究了一遍。我把赛璐鹅放在她的旁边，当着她的面把它盖住，有时候盖住全部，有时后露出鹅的脑袋。吕西安娜作出了两种截然不同的反应……倘若鹅在视野中完全消失，即便吕西安娜马上就要抓住它了，她也会立即停止对鹅的去处的搜寻……但倘若将鹅嘴露出来，她就不仅会抓住看得见的部分，把动物拽到她面前，而且……有时候为了要抓住整只赛璐鹅，她会预先揭起用于遮挡的布。这就证明了对整体的重新组合要比寻找看不见的东西容易得多。

然而，皮亚杰仍然坚持认为，物体的概念还未完全形成。对于这个阶段的儿童而言，物体的存在并不具有独立性，它是与儿童自己的行动及感知觉联系在一起的。换句话说，“儿童认为物体只露出一部分的原因是由于它们正在消失，而不是被其他物体所掩盖”。

阶段Ⅳ（10～12个月）

在第三阶段的最后几周与第四阶段早期，儿童已经知道即使客体不再视线之内，它们依旧存在。儿童会想方设法地主动寻找完全被隐藏的客体。从表面看，这似乎标志着客体永久性概念已经形成，但皮亚杰认为，这种认知技能尚未得到全面发展，因为儿童仍然不具备理解“可见位移”的能力。为了便于理解，皮亚杰引用了下面的例子（你可以自己尝试一下）：你与一个 11 个月大的孩子坐在一起，把一个玩具完全藏在毛巾下（位置 A），孩子会从毛巾下找出那个玩具。在孩子看来，客体很明显地存在着，并没有消失。然而，如果你再当着他或者她的面把物体藏在毯子下（位置 B），孩子有可能返回先前发现过玩具的位置（A）进行搜寻。此外，你可以多次重复这个过程，孩子会重复地犯同样的错误，我们称此现象为“A 非 B 效应”。

如，**观察** 40　杰奎林 10 个月大时，我让她坐在床垫上，我从她的手中取走鹦鹉，并连续两次藏在她左边的垫子下（位置 A），她两次都找到鹦鹉并抓在手里。然后，我又从她手中取走鹦鹉，在她面前慢慢地把鹦鹉移到她右边的床垫下（位置 B）；杰奎林非常专注地看着这个移动过程，但是当鹦鹉在 B 位置消失以后，她却转向左侧，到鹦鹉以前消失的那个地方（A）去寻找。

皮亚杰对出现在阶段Ⅳ的错误作出了如下解释：这并不是由于孩子们心不在焉，而是由于他们脑中的客体概念与你我脑中的有所不同。对于 10 个月大的杰奎林来说，她的鹦鹉并不是一种已独立于她的行为的永恒存在物。我们先把鹦鹉藏起来，然后儿童在位置 A 找到了它，于是鹦鹉的概念就变成了“在 A 位置的鹦鹉”，这一定义不仅依赖于鹦鹉本身，而且还依赖于它所藏的地方。换句话说，在儿童的脑海中，鹦鹉仅仅是整个画面中的一部分，而不是一个单独存在的客体。

阶段Ⅴ（12～18个月）

大约从一岁左右开始，儿童获得了追踪物体连续可见位移的能力，并且能够在物体最后出现的地方找到它。出现这种现象后，皮亚杰认为，孩子便进入了感觉运动阶段的第五阶段。

如，**观察** 54　我们让 11 个月大的洛朗坐在 A 和 B 两个垫子中间。我在 A 和 B 两个位置之间交换着隐藏手表；洛朗不断地在手表最后出现的地方进行搜寻，有时候在位置 A，有时候在位置 B，而不像在前一个阶段那样，总是在第一次手表消失的位置寻找。

然而，皮亚杰指出，真正的客体永久性概念仍未完全形成，因为儿童还不能够理解被皮亚杰称为“不可见的位移”的现象。设想一下下面的例子：你看见一个人把一枚硬币放在一个小盒子里，然后他背对着你走到梳妆台前，打开了抽屉；当他回来的时候，你发现那个盒子里空空如也，这就是所谓的"不可见位移"。当然，你会自然而然地走到梳妆台前，打开抽屉查看。但正如皮亚杰所证明的，这种能力兴许也不是天生的。

如，**观察** 55 18 个月大的杰奎林坐在一块绿色的小毯子上，高高兴兴地玩弄着一个土豆（对她来说，土豆是一个新玩意儿）。她把土豆放在一个空盒子里，又把它拿出来，玩得不亦乐乎。然后我当着她的面把土豆拿过来，放进盒子里，然后我把盒子放在毯子下面，并把土豆倒出来，把它藏在毯子下，最后取出空盒子，我没有让杰奎林看见我玩的小伎俩。虽然杰奎林一直盯着毯子，也知道我在毯子下面做了点手脚，可当我对她说"给爸爸土豆"时，她开始在盒子里寻找土豆，还抬头看着我，又看了一会盒子，再看看毯子……但是，她并没有掀起毯子去寻找下面的土豆。在此后连续 5 次的试验中，得出的结果都是这样。

阶段Ⅵ（18～24 个月）

最后，孩子们将进入感觉运动阶段的末期这时客体永久性概念就彻底形成了。进入这个阶段的标志是他们能找出经过"不可见的位移"的东西。

如，**观察** 66 杰奎林 1 岁零 7 个月时，已具有构想物体被隐藏在重重障碍之下的能力……我把铅笔放在盒子里，用一张纸将盒子包起来，再用手帕扎裹一层，最后用贝蕾帽和床单把它罩起来。杰奎林先揭开贝蕾帽和床单，然后在解开手帕，却没有立即发现盒子，但是她继续寻找，显然她已确信盒子的存在。然后她觉察到了纸，并立即明白了其中的奥妙，她撕开纸，打开盒子，找到了铅笔。

皮亚杰认为，客体永久性这种认知技能是真正思维的开始，是运用洞察力和符号来解决问题能力的开始。这就为儿童进入下一个阶段（前运算阶段）的认知发展做好了准备。在前运算阶段，思想与行动相对独立，使思维的速度能显著提高，换句话说，客体永久性是所有智能的基础。正如皮亚杰所说："在众多事物当中，客体守恒是客体定位的功能。也就是说，儿童既能明白当物体消失时，它依然存在；也能理解客体去往何处。这一事实表明，客体永久性的图式建构是同现实世界的整个时空组织和因果关系密切联系在一起的"。

（五）实验设计

微观发生设计

最适合于研究某种心理现象的发生过程，最宜于研究某种心理能力、知识、策略等的形成变化过程，或阶段间的转换机制。因而对那些已经发展得很成熟的能力或已经熟练掌握的知识技能，就不适宜用这种方法。为推知产生变化的过程要进行高密度的抽样，因而需要大量的重复测量分析。这就要求研究内容应该是适合进行反复测量的，而且要有明确的测量指标（如对错率、反应时、通过率等），这样才能比较前前后后的变化过程。使用这种设计方法时，还要注意确定认知变化的来源，能对反复测量造成的学习效应和其他干预措施的效果做出清晰的说明。

新近的一项纵向微观发生研究是对幼儿错误信念理解与抑制技能出现的先后顺序关系的考察（Flynn，Malley，Wood，2004）。目前儿童心理理论研究中，流行着两种关于心理理论与执行性控制二者关系的理论。第一种理论认为，心理理论的发展促进了自我控制（Perner，1998）；第二种理论认为，执行性控制是心理理论发展的必要条件（Russell，1996，1998）。研究者为了检验这两种理论观点，探明二者之间的关系到底如何，采用纵向的微观发生设计，以21名均龄为3岁半的幼儿为被试，每四个星期重复进行两项错误信念理解任务和两项执行性控制任务，测验的个别测查实验要经过六个阶段。所有参加正式实验的被试在第一阶段的测查中均是未能通过所有错误信念理解任务和抑制技能的任务，即他们在实验前均是还没有获得心理理论能力和执行性控制能力的幼儿。研究结果显示，大部分儿童在很好地理解错误信念以前都能在一项执行性控制测验上有很好的表现，研究结果支持了第二种理论。儿童的错误信念理解与执行性控制两种能力从出现到发展的变化进程是不同的，抑制技能的发展相对来说是渐进的过程；而错误信念理解的发展是经历了一个从连续的缺乏阶段到成绩不稳定阶段的过程，因为在这个过程中一些儿童会在他们先前已经能通过的测验上再次失败，儿童的表现并不稳定。对这一问题的认识还有待进一步证实。对于该研究中的练习效应（practice effects），研究者的解释是儿童在几项测验任务上并没有受到练习效应的影响，因为儿童的能力表现没有显示出由于练习而导致的明显进步或退步现象。

微观发生设计的优点是通过对整个变化期间的个体做与这一期间的变化率一致的高密度观察，可以收集到关于变化的精细信息。因此，它与传统上的大年龄跨度的纵向或横向设计明显不同，它是在这些研究确定的基本发展规律的基础上，对变化的发生机制、阶段之间的转换过程或萌芽期的形成过程做精细研究。这种设计不但可以说明变化的定量的一面，又可以说明定性的一面，还可以说明变化发生的条件，提供不易得到的关于短期的认知转换方面的信息。微观发生设计也有其缺点。一是对所观察行为的精密抽样需要很大的代价，花费的时间和精力通常很高，而且实行起来也很复杂。为了获得能用于行为的反复实验分析的详细数据，被试通常要单个测查。要确定每个被试的变化何时发生，有时还要对行为进行录像，撰写大量的口头报告，还要根据被试的行为表现对每次实验进行分类。即使这些数据的收集、编码、实验设计问题解决了，对数据要做的复杂的统计分析处理仍是困扰研究者的问题。因此，进行这种研究前应对该研究的理论和实践价值的大小做出分析。

五、巩固习题与答案

（一）单项选择题

1. 狭义的发展心理学的研究的是（ ）
   A. 个体从出生到成年各个年龄阶段心理发展特点及规律
   B. 青年期心理发展特点
   C. 个体从出生到成熟再到衰老的生命全程中各个年龄阶段心理发展特点与规律
   D. 成年初、中、晚期心理发展特点与规律
2. 广义的发展心理学**不包括**（ ）
   A. 心理的种系发展　　B. 心理的种族发展
   C. 个体心理发展　　D. 民族心理发展
3. 哪一项**不包含**于发展心理的研究内容（ ）
   A. 探讨个体心理发展的基本规律
   B. 解释个体在不同阶段心理发展的特点
   C. 找出促进个体心理学发展的科学方法
   D. 总结个体各个阶段心理发展的要素

4. 研究个体各个阶段心理发生发展特点与规律的学科是（　　）
A. 发展心理学　　B. 教育心理学
C. 青年心理学　　D. 社会心理学
5. 狭义的心理学是指（　　）
A. 个体心理发展　　B. 动物心理学
C. 进化心理学　　D. 民族心理学
6. 从出生到成熟再到衰老的生命全程的心理发展是（　　）
A. 个体心理发展　　B. 青少年心理发展
C. 毕生心理发展　　D. 成年期心理发展
7. 心理现象是随着（　　）产生而出现的
A. 神经细胞　　B. 神经系统
C. 脉管系统　　D. 脊椎
8. 在种系发展过程中，变形虫出于什么阶段（　　）
A. 刺激感应性阶段　　B. 感觉阶段
C. 知觉阶段　　D. 思维的萌芽阶段
9. 神经系统发展的具体标志是（　　）
A. 出现了脑　　B. 出现了神经细胞
C. 出现了脑和脊髓　　D. 骨骼系统
10. 在种系心理的发展过程中，蚂蚁处于（　　）阶段
A. 刺激感应性阶段　　B. 感觉阶段
C. 知觉阶段　　D. 思维的萌芽阶段
11. 在种系心理的发展过程中，类人猿处于（　　）阶段
A. 刺激感应性阶段　　B. 感觉阶段
C. 知觉阶段　　D. 思维的萌芽阶段
12. 在种系心理的发展过程中，（　　）处于知觉阶段
A. 类人猿　　B. 鸟
C. 蚯蚓　　D. 变形虫
13. 从猿到人的过渡阶段，有哪些进步
A. 直立行走，手的发展　　B. 制造、使用工具
C. 语言的产生　　D. 以上都是
14. 人类心理发展具有（　　）特点
A. 意识是人类心理发展的最高体现　　B. 心理发展延续人类一生的过程
C. 心理发展具有个别差异性　　D. 以上都是
15. 心理发展按照从低级向高级发展的序列进行，分为不同的阶段，这些阶段的顺序是（　　）
A. 婴儿、幼儿、童年、少年、青年、成年、老年
B. 婴儿、童年、少年、青年、成年、老年
C. 婴儿、幼儿、童年、少年、青年、中年、老年
D. 婴儿、幼儿、童年、少年、青年、青年晚期、老年
16. 为什么不同国家或不同民族的儿童们尽管其母语不同，但却表现出相似的语言发

展阶段，是探讨（　　）

A. 个体心理发展的基本规律　　B. 个体在不同阶段心理发展的特点

C. 个体的语言特点　　D. 各个国家语言差别

17. 胎儿从出生到3岁左右是（　　）时期

A. 婴儿期　　B. 幼儿期

C. 少儿期　　D. 胎儿期

18.（　　）是人生发展中最快的一个时期，在生理和心理的各个方面都取得了长足进展，尤其引人注目的是动作和言语方面的发展

A. 童年期　　B. 幼儿期

C. 婴儿期　　D. 少年期

19.（　　）的主要活动形式是游戏

A. 童年期　　B. 幼儿期

C. 婴儿期　　D. 少年期

20. 学习习惯与社会行为的许多良好习惯在（　　）阶段形成

A. 婴儿期　　B. 幼儿期

C. 童年期　　D. 少年期

21. 少年期大致是（　　）

A. 10～13岁　　B. 12～18岁

C. 12～16岁　　D. 10～16岁

22. 在生理上以性发育为主要标志，在心理上以意识到自己不再是孩子为主要标志的是哪个时期（　　）

A. 童年期　　B. 幼儿期

C. 婴儿期　　D. 少年期

23.（　　）是从幼稚向成熟发展的过渡期，是幼稚与成熟并存、面临诸多变化和转折的关键时期

A. 少年期　　B. 青年期

C. 成年初期　　D. 童年期

24. 往往会过高估计自己，对自己提出过高的要求，遇到挫折，又容易低估自己，是在（　　）

A. 少年期　　B. 青年期

C. 成年初期　　D. 童年期

25. 个体的自我意识、人生观、同一性、价值观等迅速发展并趋于稳定，是在（　　）

A. 成年中期　　B. 青年期

C. 成年初期　　D. 少年期

26. 不甘安于现状，事业上要有所作为、有所成就；对社会、家庭的使命感和责任感会使中年人产生较大的心理压力，身心危机最容易产生的时期（　　）

A. 成年中期　　B. 青年期

C. 成年初期　　D. 成年晚期

27. 成年晚期的划分是

A. 50岁以后直至死亡这段时期　　B. 55岁以后直至死亡这段时期

C. 60 岁以后直至死亡这段时期　　D. 65 岁以后直至死亡这段时期

28.（　）提出了道德认知发展有三个水平六个阶段等理论观点

A. 皮亚杰　　B. 埃里克森

C. 弗洛伊德　　D. 科尔伯格

29. 弗洛伊德划分儿童心理发展阶段的标准是

A. 生理发展　　B. 主导活动

C. "力比多"投放身体的部位　　D. 人格特征

30. 艾里克森划分儿童心理发展划分为八个阶段的标准是

A. 生理发展　　B. 人格特点

C. 认知发展　　D. 主动活动

31. 划分心理发展阶段的依据应是

A. 心理发展事实　　B. 生理发展

C. 学习活动　　D. 社会文化

32.（　　）是在特定时间内同时观测不同的个体来探索其发展状况的研究设计

A. 微观发生设计　　B. 纵向设计

C. 横断设计　　D. 序列设计

33. 让 8 岁、10 岁和 12 岁的儿童面对一个年龄较小（如 6 岁）的孩子，观察他们是否会把自己有限的资源（如糖果、或其他食品）与对方分享，借以确认这种分享行为是否会随着年龄增长而增多，运用了（　）

A. 微观发生设计　　B. 纵向设计

C. 横断设计　　D. 序列设计

34.（　　）是对同一个体或群体在不同时间内，对他们的某种心理活动进行追踪研究的设计形式

A. 微观发生设计　　B. 纵向设计

C. 横断设计　　D. 序列设计

35. 研究 6～12 岁儿童记忆能力的发展，可以从 2006 年开始测量一个 6 岁的样本（2000 年出生）和一个 8 岁的样本（1998 年出生）的记忆能力，接着在 2008 年和 2010 年再次测量这两个样本的记忆能力，运用的是（　）

A. 微观发生设计　　B. 序列设计

C. 横断设计　　D. 纵向设计

36. 卡雷治·艾德生和豪尔探讨婴儿视觉再认的发展运用的是（　　）

A. 微观发生设计和纵向设计　　B. 微观发生设计和横断设计

C. 横断设计和纵向设计　　D. 横断设计和序列设计

37. 婴幼儿缺乏语言表达能力，因此可选用（　　）来研究其行为特点

A. 自然观察法　　B. 实验观察法

C. 个案研究法　　D. 相关研究

38. 关于心理发展，下列说法正确的是（　　）

A. 个体心理发展具有连续性

B. 个体心理发展的连续性与阶段性的有机统一起来

C. 个体心理发展具有阶段性

D. 个体心理发展有时具有连续性，有时具有阶段性

39.（　　）特别强调生物因素即遗传在儿童发展中的作用，认为儿童身心的发展变化是受机体内部的因素即生物因素固有的程序所制约的

A. 班杜拉　　B. 弗洛伊德

C. 华生　　D. 格塞尔

40. 关于我国心理学家朱智贤的观点，以下说法正确的是（　　）

A. 先天因素（包括遗传因素和生物成熟）是心理发展的生物前提，为心理发展提供了可能性，而环境与教育则将这种发展的可能性转变成现实

B. 先天因素（包括遗传因素和生物成熟）是心理发展的基础，因此先天因素是心理发展的关键

C. 个体只要具备了适当的环境条件，任何正常个体都能学会任何事物

D. 以上均不正确

41. 一般来说强调“遗传决定”论的人倾向于个体的心理发展呈现（　　）

A. 连续性　　B. 阶段性

C. 既不是连续性也不是阶段性　　D. 阶段性与连续性有机的统一在一起

42. 儿童心理学的创始人是（　　）

A. 冯特　　B. 普莱尔

C. 格塞尔　　D. 达尔文

43. 普莱尔的名著（　　）于 1882 年出版，被公认是第一部科学的、系统的儿童心理学著作

A.《发展心理学》　　B.《发展心理学年鉴》

C.《儿童心理》　　D.《心理学》

44. 二战以后，属于西方儿童心理学的（　　）

A. 产生时期　　B. 系统形成时期

C. 分化和发展时期　　D. 演变和发展时期

45. 19 世纪末叶前，西方儿童心理学的研究（　　）

A. 仅限于对婴幼儿心理发展的研究　　B. 仅限于对青春期心理发展的研究

C. 仅限于对童年期心理发展的研究　　D. 毕生的发展心理学

46.（　　）提出了前半生和后半生分期的观点

A. 荣格　　B. 霍尔

C. 格赛尔　　D. 埃里克森

47.（　　）最先提出发展心理学应该站在研究人毕生心理发展的立场上，而不能仅仅孤立地研究儿童的心理，他于 1930 年出版《发展心理学概论》

A. 普莱尔　　B. 何林渥斯

C. 埃里克森　　D. 荣格

48. 1957 年，美国（　　）中用“发展心理学”作章名代替了惯用的“儿童心理学”

A.《发展心理学》　　B.《发展心理学年鉴》

C.《儿童心理》　　D.《心理学》

49.（　　）将儿童心理学研究的年龄范围从学龄前扩大到了青春期

A. 何林渥斯　　B. 荣格

C. 霍尔　　D. 艾里克森

50. 巴尔特斯（　　）

A. 提出毕生发展观

B. 将儿童心理学研究的年龄范围从学龄前扩大到了青春期

C. 最早对成年心理学进行研究

D. 出版了《儿童心理学》

51. 孔子“吾十有五，而志于学，三十而立，四十而不惑，五十而知天命，六十而耳顺，七十而从心所欲，不逾矩”表明了（　　）

A. 心理发展的独特性　　B. 心理发展的阶段性

C. 心理发展的连续性　　D. 以上都不正确

52. 中国最早的儿童心理学开拓者（　　）

A. 陈鹤琴　　B. 葛承训

C. 黄翼　　D. 张厚粲

53. 发展心理学中国化的基本途径是（　　）

A. 学习—消化—中国化　　B. 摄取—消化—中国化

C. 翻译—学习—中国化　　D. 摄取—选择—中国化

（二）多项选择题

1. 人类心理发展具有（　　）特点

A. 意识是人类心理发展的最高体现

B. 心理发展延续人类一生的过程

C. 心理发展具有个别差异性

D. 心理发展按照从低级向高级发展的序列进行

2. （　　）更倾向于“在遗传因素同等条件下，成长在不同环境中的个体也会有不同的心理发展和不同的思维方式以及不同的人际关系”

A. 华生　　B. 斯金纳

C. 格赛尔　　D. 班杜拉

3. 个体心理发展的许多问题至今还是**悬而未决**的是（　　）

A. 遗传素质和环境教育因素在个体心理发展中的作用问题；个体心理发展的内在动力和外在动力之间的关系问题

B. 个体心理发展的内在动力和外在动力之间的关系问题

C. 个体心理学的研究方法

D. 以上问题均已解决

4. 研究心理发展的年龄特征范围，应当包括（　　）

A. 人格的年龄特征

B. 社会性发展的年龄特征

C. 人的认知过程（智力活动）的发展的年龄特征

D. 思维的年龄特征

5. 儿童心理学中的演变，正确的是（　　）

A. 科学儿童心理学在19世纪前期诞生了

B. 从1882年到第一次世界大战西方儿童心理学的系统形成时期

C. 第一次世界大战和第二次世界大战期间，是西方儿童心理学的演变时期

D. 二战以后，是西方儿童心理学的演变和发展的时期

6. 巴尔特斯(PB Baltes)提出了毕生发展心理学产生的原因(　　)

A. 由于第二次世界大战前的一些儿童心理学的追踪研究，被试已经进入了成年期，对他们的研究依然从属于发展心理学的研究，但已经不能被叫做儿童心理学的研究了

B. 研究个体毕生发展是其他人未曾涉及到的

C. 由于许多发达国家已经宣布进入了老年社会，推动了对老年心理的研究

D. 许多大学都开设了发展心理学的课程，这在客观上也推动了毕生发展心理学的形成

7. 心理学研究设计有哪些(　　)

A. 横断设计　　B. 纵向设计

C. 序列设计　　D. 微观发生设计

8. 研究方法从单一心理研究走向整合研究具体体现在(　　)

A. 运用自然科学原理研究发展心理学

B. 运用人性化的观点研究发展心理学

C. 运用信息加工的观点研究发展心理学

D. 跨学科与跨文化研究的运用

9. 发展心理学的应用性研究主要集中在(　　)

A. 军事心理方面的研究　　B. 教育实践中的研究进展与应用

C. 在临床实践中的应用　　D. 在社会政策和社会行动中的应用

10. 桑标等人以观察亲子互动游戏为基本研究手段(　　)角度切入，深入探索了在中国城市独生子女居多的独特文化背景下，父母对儿童心理理论发展的影响

A. 游戏参与方式　　B. 情感交流

C. 间接教法　　D. 语言交流和父母教养方式

11. 我国的发展心理学目前的研究仍然存在一些**不足**在于(　　)

A. 研究的具体方法上不够丰富

B. 在统计应用上要注意量表的文化特性

C. 编制量表要注意科学严密

D. 研究样本不够丰富

12. 种系心理发展包括(　　)过程

A. 动物心理的进化　　B. 民族心理进化

C. 人类心理进化　　D. 生理进化

(三)名词解释

1. 发展心理学
2. 序列设计
3. 微观发生设计
4. 动物原始性心理进化过程
5. 个案研究法
6. 先天遗传素质

7. 毕生发展观

(四)简答

1. 人类个体心理发展具有如下几个特点?
2. 将个体心理发展特点以年龄发展为线索,划分为几个阶段?
3. 儿童心理学的演变过程分为哪几个阶段?
4. 发展心理学研究的具体方法?
5. 促进人类动物祖先演变到人类有哪几个前提条件?
6. 从儿童心理学到发展心理学经历了怎样的演变过程?
7. 普莱尔、霍尔、荣格、何林渥斯、巴尔特斯对发展心理学的发展作出了什么贡献?

(五)论述

1. 发展心理学的研究设计与方法有哪些?其特点是什么?
2. 发展心理学的研究出现了一些新突破,也呈现出新的发展趋势,这些趋势有?
3. 发展心理学的主要基本理论问题有哪些?谈出你对这些问题的看法。
4. 如何认识发展心理学的中国化问题?

六、参考答案

(一)单项选择题

1. C	2. A	3. D	4. A	5. A	6. A	7. B	8. A	9. C	10. B
11. D	12. B	13. D	14. D	15. A	16. A	17. A	18. C	19. B	20. C
21. C	22. D	23. A	24. B	25. C	26. A	27. C	28. D	29. C	30. B
31. A	32. C	33. C	34. B	35. B	36. A	37. B	38. D	39. A	40. B
41. B	42. C	43. D	44. A	45. A	46. B	47. B	48. C	49. A	50. B
51. A	52. D								

(二)多项选择题

1. ABCD	2. ABD	3. AB	4. BC	5. BD	6. ACD	7. ABCD
8. CD	9. BCD	10. ABD	11. BC	12. AC		

(三)名词解释

1. 发展心理学:研究个体心理发展规律和各年龄阶段心理特征的科学。

2. 序列设计:以一个简单的横断研究或者纵向研究为起点,在大体相同的间隔周期,再加进一个横断研究或者纵向研究,形成一个研究设计序列,这种方法叫序列设计。

3. 微观发生设计:是指在个体(被试)将要发生重要的发展变化时,反复向他们呈现某种可能引起发展变化的刺激,并监控引起个体行为变化过程的方法。

4. 动物原始性心理进化过程:分为四个阶段:感觉萌芽、感觉阶段、知觉阶段、思维萌芽阶段。

5. 个案研究法:是对个人背景和单个人的发展史做深入的研究。一般是先仔细描述一个或多个个案,并试图对这些个案的描述形成结论。

6. 先天遗传素质:指有机体的生物遗传因素,通过遗传,将祖先的许多生物特征传递给下一代,使其具备祖先的某种禀赋和特质。

7. 毕生发展观:(1)个体发展是毕生的过程;(2)发展具有多维度的特性;(3)发展具有可塑性;(4)个体心理发展受个人生活经历的影响。

（四）简答题

1. 人类个体心理发展具有如下几个特点？

第一，意识是人类心理发展的最高体现；

第二，心理发展延续人类一生的过程；

第三，心理发展按照从低级向高级发展的序列进行，可以分为不同的阶段；

第四，心理发展具有个别差异性。

2. 将个体心理发展特点以年龄发展为线索，划分为几个阶段？

（1）胎儿期；（2）婴儿期；（3）幼儿期；（4）童年期；（5）少年期；（6）青年期；（7）成年初期；（8）成年中期；（9）成年晚期。

3. 儿童心理学的演变过程分为哪几个阶段？

第一阶段：19世纪后期之前，近代社会发展、近代自然科学、近代教育发展推动了儿童心理学的发展，科学儿童心理学在19世纪后期诞生了。

第二阶段：从1882年到第一次世界大战，这一时期是西方儿童心理学的系统形成时期。

第三阶段：第一次世界大战和第二次世界大战期间，是西方儿童心理学的分化和发展时期。

第四阶段：二战以后，是西方儿童心理学的演变和发展的时期。

4. 发展心理学研究的具体方法、

（1）观察法：包括自然观察法和实验观察法；（2）访谈法；（3）个案研究法；（4）相关研究；（5）调查研究：包括问卷法和测验法。

5. 促进人类动物祖先演变到人类有哪几个前提条件？

（1）直立行走，手的发展；（2）使用工具和制造工具；（3）交往需要产生语言。

6. 从儿童心理学到发展心理学经历了怎样的演变过程？

（1）霍尔将儿童心理学研究的年龄范围从学龄前扩大到了青春期。

（2）精神分析学派对个体一生全程的发展率先作了研究。精神分析学派心理学家荣格是最早对成年期心理开展发展理论研究的心理学家。

（3）发展心理学的问世及其研究。美国心理学家何林渥斯出版了《发展心理学概论》，这是世界上第一部发展心理学著作。

7. 普莱尔、霍尔、荣格、何林渥斯、巴尔特斯对发展心理学的发展作出了什么贡献？

（1）德国生理学家和实验心理学家普莱尔是儿童心理学的真正的创始人。普莱尔的名著《儿童心理》于1882年出版，被公认是第一部科学的、系统的儿童心理学著作。该书主要是研究婴儿期儿童的心理。

（2）霍尔将儿童心理学研究的年龄范围从学龄前扩大到了青春期。

（3）精神分析学派心理学家荣格是最早对成年期心理开展发展理论研究的心理学家。

（4）美国心理学家何林渥斯（HZ Hollingwerth）最先提出发展心理学应该站在研究人毕生心理发展的立场上，而不能仅仅孤立地研究儿童的心理。他于1930年出版《发展心理学概论》。

（5）巴尔特斯他提出了毕生发展心理学。

（五）论述题

1. 发展心理学的研究设计与方法有哪些？其特点是什么？

(1) 发展心理学的研究设计有以下几种：横断设计、纵向设计、序列设计、微观发生设计。

横断设计是指在特定时间内同时观测不同的个体来探索其发展状况的研究设计。

优点：在短时间内能够收集到不同年龄被试的资料；可以同时研究较大样本，成本低，费用少，省时省力。

不足：它只是对被试发展过程中的一个时间点进行测量，而个体发展的连续性却无法进行研究；不能解答起因、顺序和一致性问题，它只能告诉我们不同年龄个体偏差行为的差异，但不能回答这种差异产生的原因及影响因素，也不能回答儿童的偏差行为将来会如何发展。

(2) 纵向设计是指对同一个体或群体在不同时间内，对他们的某种心理活动进行追踪研究的设计形式。

优点：可以重复测试相同的研究对象，获取样本中每个人各种特性或发展改变模式的稳定性资料，可以回答发展顺序及一致性或不一致的问题，能够确定发展中的普遍规律和个体差异。

不足：研究持续时间比较长，研究的被试可能因生活变迁或时代变化或生病等原因，随研究时间的延续而逐渐减少，研究样本因数量减少而不具有代表性；反复对研究对象进行评价与测量，可能影响被试的发展，或因对被试多次进行评价或测量，被试对评价或测量会产生熟悉效应，从而影响到所收集到数据的可靠性。

(3) 序列设计：为了避免横断设计与纵向设计的不足，研究者将横断设计和纵向设计的优点结合起来，即以一个简单的横断研究或者纵向研究为起点，在大体相同的间隔周期，再加进一个横断研究或者纵向研究，形成一个研究设计序列，这种方法叫序列设计。

序列设计研究可以通过比较生于不同年代的相同年龄的被试，让研究者发现同辈效应是否起了作用，有助于解释发展中的多样性。另外，它使研究者在同一项研究中能同时进行横断比较和纵向比较。如果在纵向比较和横断比较中，记忆能力按年龄变化的趋势是相同的，那么我们可以确信这些趋势代表了真实的记忆能力的发展变化。

(4) 微观发生设计：是指在个体（被试）将要发生重要的发展变化时，反复向他们呈现某种可能引起发展变化的刺激，并监控引起个体行为变化过程的方法。

优点：微观发生设计可以克服横断设计与纵向设计的不足，直接研究出个体（被试）的变化形式（即是质变还是量变），变化的速率（即是突然发生还是缓慢发生），变化范围（即在特定领域变化还是广泛存在于各个领域），变化的差异（即个体行为在某个领域内变化的差异有多大）等。

不足：微观发生设计也有不足，对被试，尤其是儿童的反复测试可能会引起厌烦，而且未必是真实生活的反应；同时，刺激的反复呈现也会导致练习效应，没有控制组的介入，很难确定有多少变化是由于试验程序造成的，多少是发展本身的。

2. 发展心理学的研究出现了一些新突破，也呈现出新的发展趋势，这些趋势有？

(1) 研究内容由分化走向整合，跨学科研究形成；

(2) 研究方法从单一心理研究走向整合研究；

(3) 研究目的将理论联系实际，转向应用服务研究。

3. 发展心理学的主要基本理论问题有哪些？谈出你对这些问题的看法。

个体心理发展的许多问题至今还是悬而未决的，虽然心理学家们对个体发展各个阶段的划分已经达成某种共识，但是对什么是影响发展过程的相对重要因素以及各发展阶段之间如何相互联系这些问题仍争论不休，主要集中在以下几个方面，即遗传素质和环境教育因素在个体心理发展中的作用问题；个体心理发展的连续性与阶段性的有机统一性问题；个体心理发展的内在动力和外在动力之间的关系问题。

先天遗传素质指有机体的生物遗传因素，通过遗传，将祖先的许多生物特征，即那些与生俱来的机体的形态、构造、感官特征和神经系统的结构与功能等解剖生理特点，传递给下一代，使其具备祖先的某种禀赋和特质。后天环境教育因素，是指胎儿期和出生后的环境和教育影响个体所获得的经验。先天因素（包括遗传因素和生物成熟）是心理发展的生物前提，为心理发展提供了可能性，而环境与教育则将这种发展的可能性转变成现实。遗传在个体心理发展上的作用主要表现在两个方面：一是通过素质影响个体智力的发展；二是通过气质类型影响个体性格的发展。后天的环境教育将这种可能变成现实，两者相互作用，缺一不可。

人类心理的发展过程并不是简单地表现出连续性或阶段性的特点，而是这两种形式的有机结合。很难确定哪一种形式在哪一个阶段决定着个体的心理发展，有时是连续性量的积累结果，有时是阶段性关键表现，因此，心理发展是阶段性与连续性的统一。个体心理的发展是一个不断对立统一、量变、质变的发展过程。个体的心理发展既有连续性又有阶段性，在每一个阶段中既留有上一阶段的特征，又含有下一阶段的新质。在整个心理发展过程中，各个阶段又表现出不同的特殊矛盾，既有发展性，又有阶段性。

个体的心理发展并不是单纯地受外部因素的影响或者受内在需求所控制，而是内外因素的影响，当然，外因总是通过内因起作用。环境和教育对个体心理发展的作用，必须通过个体心理的内部矛盾来实现，是促进个体心理发展的最主要条件。个体心理的发展，既不是客体的简单复写，也不是主体天赋的显现，而是主客体相互作用的结果，是主体通过行动不断地自行建构而成的。当个体已有的心理发展水平能够满足需要时，个体的心理发展不会有质的变化。但当个体心理发展水平难以满足新的需求时，需要和现有的心理水平之间即形成了矛盾，这种矛盾将促使个体要积极提高自己的能力，解决现有的矛盾，当矛盾得到解决之时，其心理就向前发展一步。这种遇到矛盾和解决矛盾的过程不断地重复，便推动个体的心理逐渐由低级向高级发展，成为个体心理发展的动力。

4. 如何认识发展心理学的中国化问题？

人类心理发展规律基本是一致的，但是在时间、空间的作用下又会存在一定的差异。由于各个国家的发展程度不一，所面临的实际情况有所迥异，为了更好地适应国情及解决相关问题，我们应该在保持与国际发展心理学研究同步的同时，也要加快发展心理学中国化的研究进程，从而有所超前、有所创新，更好地服务于我国的教育实践，促进社会和谐的构建。

我国的发展心理学在发展进程中因受到客观因素的影响，曾遭受过创伤，但是在改革开放之后经过先辈们的不懈努力，现在我国的发展心理学已经建立起比较完备的研究体系，在众多领域取得了较丰富的研究成果，这些成果既丰富了发展心理学的理论体系，又在一定程度上指导了我国的教育实践，在社会上产生了较广泛的影响。在进入 21 世纪之后，发展心理学的中国化研究成果更是层出不穷。1978 年，朱智贤教授就提出了“儿童心理学研究中国化”的思想，倡导建立中国的儿童心理学体系，在实际研究中确定中国儿童的心理特点和常模。他说“中国的儿童与青少年及其在教育中种种心理现象有自己的特点，这些特点表现在教育实践中，需要我们深入下去研究”。林崇德教授提出了心理学研究中国化的途径：摄取 - 选择 - 中国化。即以中华文化为背景、以中国人为研究对象，探讨中国人的心理发展现象和规律，建构中国的发展心理学理论体系，最终为中国人的发展服务。

（上海海洋大学 马 莹）

第二章　个体心理发展理论

一、学习要求

1. **掌握**　关于各主要理论的基本观点，应用这些理论分析个体心理发展。
2. **理解**　各理论观点的区别和联系。
3. **了解**　心理发展各理论提出的背景及其实际应用情况。

二、重点难点

1. **难点**　皮亚杰的心理发展理论，维果斯基的心理发展理论。
2. **重点**　皮亚杰的心理发展理论，维果斯基的心理发展理论，弗洛伊德和埃里克森的心理发展理论，华生、斯金纳和班杜拉的心理发展理论。

三、内容精要

众多的发展心理学家从不同的理论观点看待发展。本章主要教学内容有：一是弗洛伊德基于性心理的发展理论和埃里克森的心理社会性理论；二是行为主义者华生关于心理发展的环境决定论、斯金纳的操作性条件反射思想和发展的强化理论、班杜拉基于观察学习替代强化和自我强化的交互作用发展理论；三是皮亚杰的认知发展理论和信息加工理论；四是维果斯基以"最近发展区"为主要特色的文化历史发展理论和布朗芬布伦纳的生态系统理论；五是习性学和进化心理学发展理论；六是生命全程观和生命历程观。

四、阅读拓展

（一）文献书籍

1. **《儿童发展理论：比较的视角（第6版）》**　R·默里·托马斯，郭本禹，王云强等著，上海：上海教育出版社，2009年版。

特色：

（1）体系的完整性：全书共八部分16章，涉及20多种发展理论，内容丰富，并不杂乱，而是有机地联系在一起，形成一个完整的理论体系。

（2）观点的独特性：《儿童发展理论：比较的视角（第6版）》是作者多年"琢磨"和"雕琢"之作，阐释了很多创新性的真知灼见。

（3）内容的实践性：作者非常注重理论研究与应用研究的结合，将这本以理论比较为主题的书打造成学术性与实践性并举。

（4）论证的严密性：作者坚实的研究功底更是体现在观点论证的严密性上，这突出表现在术语规范、评价全面、文献丰富三方面。

2.《**儿童心理学手册：第一卷：人类发展的理论模型（第6版）**》（美）达蒙（William Damon），（美）勒纳（Richard M.Lerner）著，林崇德，李其维，董奇译，上海：华东师范大学出版社，2009年版。

特色：该丛书英文版由William Damon领导当今儿童心理学各分支领域最权威或新锐的学者编撰，中文版由国内著名儿童心理学家林崇德、李其维、董奇组织全国学者合作翻译而成。本卷讲述发展心理学的历史、研究方法、最新和最权威的理论模型。这一版较大的变化是增加了3章新的内容，即"现象学生态系统理论：多元群体的发展"、"积极的青年发展：理论、研究与应用"和"宗教信仰与精神信仰的毕生发展"。

3.《**进化心理学**》张雷著，广州：广东高等教育出版社，2007年版。

特色：进化心理学为研究人类行为提供了一个新视角。主流心理学和其他社会科学可能更关注人类行为"如何"出现，而进化心理学的出众之处在于它更着重人类行为"为何"出现。为什么人类要经历如此漫长的儿童期和青春期，为什么人类不会过早或更多地进行性活动？为什么会出现同胞竞争和亲子冲突？为什么父母会偏爱众多孩子中的某几个？为什么人类在解决某些认知问题时得心应手，而对另一些问题却感到无比吃力。为什么人类那么在乎自己的智商有多高？为什么在性方面社会习俗对女性尤其苛刻，而对男性却相对宽松很多？本书通过进化的观点来整合与分析很多诸如此类有关人类心理行为活动的本质问题。本书内容多为国内首次发表，分为四个部分，它们分别是进化心理学的理论基础、进化发展心理学、进化认知心理学、进化社会心理学。

4.《**发展心理学**》雷雳著，北京：中国人民大学出版社，2017年版。

特色：本书较为完整地介绍了关于人类发展的理论观，涵盖六大类十余种视角，既有仍然充满勃勃生机的经典理论，也有近年来声名鹊起的新理论；同时，用于解释具体发展问题的微型理论也散见于各相关章节。另一方面，本书也较为完整地描述了个人发展过程中的特点及规律，反映了关于个人发展的最新认识；这主要得益于众多发展心理学家满怀热情且持之以恒的研究努力，他们不仅在研究历史较长的儿童期、青少年期发展领域获得了新发现，而且，在过往研究相对薄弱的成年期发展领域也有了较多的新成果，使我们能够看到更加栩栩如生的人生历程。值得一提的是，本书还反映了我国发展心理学家在经年累月实证研究基础上令人称道的理论建树。

5.《**儿童青少年心理学前沿**》刘文，刘红云和李宏利著，杭州：浙江教育出版社，2015年版。

特色：该书反映了近年来儿童青少年心理学领域新的研究进展，论及新兴学科、理论建构、研究方法等方面，可帮助读者对儿童青少年心理学的前沿成果建立较为全面、深刻的认知。该书内容凸显了发展心理学演变到发展科学的历程，提倡儿童青少年积极成长的重要性，并着重介绍了发展心理学的新研究方法，为科学学者提供了有效正确的指导方针。

6.《**差异与互补：皮亚杰与维果斯基认知发展观比较的新思考**》麻彦坤，叶浩生著，心理科学，2004，26(6).

7.《**维果茨基最近发展区思想的当代发展**》麻彦坤，叶浩生著，心理发展与教育，2004，20(2).

8.《**关于弗洛伊德与皮亚杰心理发展观的比较分析**》宋广文，王云强著，心理学探新，2001，21(4).

9.《皮亚杰的方法论：体系、优势与启示》 卢盛华著，心理学探新，2001，21(4).

10.《解释心理起源的新理论范式——进化心理学》 焦旋，陈毅文著，心理科学进展，2004，12(4).

11.《Evolutionary developmental Psychology：Developing human nature》(《进化发展心理学：发展中的人类本性》)Grotuss J，Bjorklund D F，Csinady A. Acta Psychology Sinica(心理学报).2007，39(3).

(二)经典实验

1. 维果茨基的最近发展区实验

维果茨基对儿童心理学的一个突出贡献就是提出了最近发展区的概念。最近发展区是一种介于儿童看得见的现实能力与并不明显的潜在能力之间的潜能范围。也就是儿童无法依靠自己来完成，但可以在成人或更有技能的儿童的帮助下完成的任务范围。儿童的心理变化，本质上是不同时期一系列最近发展区的获得。以下介绍的"摘苹果实验"反映了最近发展区的理论。

(1) 实验目的：研究不同要求对学生行为的影响。

(2) 实验过程：将一群学生随机分成两个小组，让他们各自摘悬挂于半空中的苹果。两个小组摘苹果的方法不同：对第一小组，研究者让他们一开始就去摘悬挂高度超过自己跳跃能力的苹果；对第二小组，则将苹果悬挂在他们通过努力跳跃就能达到的高度，然后再逐步提高高度。心理学家认为：又红又大的苹果对两个小组的学生的诱惑力是相同的。因此，开始时两个小组学生都非常兴奋，都不断地去尝试，不断跳跃去摘苹果。摘苹果的结果不难想象：第一小组的学生根本摘不到苹果，因为悬挂的高度远远超过了他们的跳跃极限，远远超过了他们的能力；而第二组的学生不仅摘到了不少苹果，保持着刚开始的激情，而且跳跃能力也有很大的长进。心理学家紧接着让两个小组的学生都摘同样高度的苹果，令人吃惊的是情况大不一样了：第一小组的学生懒洋洋的，他们中的多数人走过场地应付几下，明显失去了兴趣；第二小组的学生则充满活力和兴奋，他们不断跳跃，而且跳跃的平均高度明显高于第一小组。

(3) 实验结果：显然，第一小组的学生由于努力未果，形成了不良心态，大都失去了信心；而第二小组的学生由于不断努力，不断进步，显得踌躇满志，信心百倍，获得了较大的进步。

(4) 实验应用

1) 首先，维果茨基的理论基础和出发点是：确定儿童发展的两种水平。第一种水平是现有的发展水平，这是已经形成的心理功能的发展水平；第二种是在别人的帮助下所达到的解决问题的水平，也就是通过教学能够获得的潜力。明确这种关系是教育对儿童的发展发挥主导和促进作用的前提条件。

2) 其次，最近发展区是由教育创造的，两种发展水平之间的距离也是由教学动态决定的，教学本身就是一种发展。就教育过程而言，重要的不是着眼于儿童现在已经完成的发展过程，而是关注儿童正处于形成状态或正在发展的过程。只有走在发展前面的教学，才能有效地促进儿童的发展。

在杨玉英(1983)的研究中，对不能完成推理任务的儿童全都采取了提示法，结果发现，其中一部分儿童在提示的条件下正确地完成了任务。在这个实验研究中，提示对3岁儿童无效，对3岁以后的儿童，提示的作用随年龄的增长而增长。这说明解决相应推理问题的能力在年龄较大儿童的最近发展区之内，而3岁儿童的最近发展区还达不到所要求的水平。由此可见，查明儿童心理发展的最近发展区，向他们提出难度稍高而又力所能及的任务，从而使他们跳一跳就能达到新的发展水平。

3）最后，儿童在参与活动尤其是面向最近发展区的教育教学活动过程中，获得了最佳发展，继而不断形成新的最近发展区，体现出发展的阶段性和独特性。维果茨基认为儿童的发展要依次经过混合思维、复杂思维、前概念思维和概念思维四个阶段。在每一年龄阶段的儿童的教学都应有不同的组织形式和独特内容，教学与发展的关系都是具体的和特殊的。

概言之，最近发展区理论注重儿童的主体作用，教师及同伴和社会互动等因素对儿童的知识建构的重要作用，强调教育的社会互动性及儿童在认知发展过程中的主动性、决定性作用。

2. 班杜拉的观察学习实验——"波波玩偶"实验

（1）实验目的：①验证儿童很容易模仿作为榜样的成人的行为；②探讨孩子是否会将这种模仿学习泛化到榜样不出现的情境中去。

（2）研究假设：研究者让儿童分别观察两名成人，一名表现出攻击行为，另一名不表现出攻击行为，随后在没有榜样出现的新情境中对儿童进行测试，以了解儿童在多大程度上模仿他们观察到的成人攻击行为。依照这种实验操作，班杜拉和他的助手们做出了四种预测：

①观察到攻击行为的被试不论榜样是否在场，都会模仿成人做出类似的攻击行为。而且这种行为明显不同于观察到非攻击行为或根本没有榜样的被试。

②对于观察到非攻击行为的儿童，他们的攻击性不仅比观察到攻击行为的儿童更低，而且也明显低于无榜样的控制组儿童。换句话说，非攻击性榜样能起到抑制攻击行为的作用。

③因为儿童倾向于认同父母或与自己同性别的其他成人，被试模仿同性榜样的行为远远超过异性榜样的行为。

④由于在社会上，攻击行为主要是一种极典型的男性行为，所以男孩比女孩更倾向于模仿攻击行为，尤其是在给被试呈现男性榜样时差异更明显。

（3）实验程序：研究被试为斯坦福大学附属幼儿园的36名男孩和36名女孩，他们的年龄在3～6岁之间，平均年龄为4岁零4个月。

24名儿童被安排在控制组，他们将不接触任何榜样；其余的48名被试先被分成两组：一组接触攻击性榜样，另一组接触非攻击性榜样，随后再按男女分组。最后，各组分出一半被试接触同性榜样，另一半接触异性榜样。这样最终得到8个实验组和1个控制组。

考虑到可能某些儿童原先就比其他人更有攻击性，班杜拉通过事先获得每个被试的攻击性评定等级来克服这种潜在的问题。一名实验者和一名教师（都是对这些儿童非常了解的）对这些儿童的身体攻击、语言攻击和对物体的攻击行为进行评定。这些评定结果使实验者可以依据平均攻击水平对各组被试进行匹配。

每个儿童分别单独接触不同的实验程序。首先，实验者把一名儿童带入一间活动室。在路上，实验者假装意外地遇到成人榜样，并邀请他过来"参加一个游戏"。儿童坐在房间的一角，面前的桌子上有很多有趣的东西。有土豆印章和一些贴纸，这些贴纸颜色非常鲜艳，还印有动物和花卉，儿童可以把它们贴在一块贴板上。随后，成人榜样被带到房间另一角落的一张桌子前，桌子上有一套儿童拼图玩具，一根木槌和一个15米高的充气波比娃娃。实验者解释说这些玩具是给成人榜样玩的，然后便离开房间。

无论在攻击情境还是在非攻击情境中，榜样一开始都先装配拼图玩具。1分钟后，攻击性榜样便开始用暴力击打波比娃娃。对于在攻击条件下的所有被试，榜样攻击行为的顺序是完全一致的：榜样把波比娃娃放在地上，然后坐在它身上，并且反复击打它的鼻子；随后榜样把波比娃娃竖起来，捡起木槌击打它的头部，然后猛地把它抛向空中，并在房间里踢来踢去。这一攻击行为按以上顺序重复3次，中间伴有攻击性的语言，比如"打他的鼻子，打倒他，把他扔起来，踢他"和两句没有攻击性的话："他还没受够"，"他真是个顽强的家伙"。

这样的情况持续将近10分钟，然后实验者回到房间里，向榜样告别后，把孩子带到另一间活动室。

在无攻击行为的情境中，榜样只是认真地玩10分钟拼图玩具，完全不理波比娃娃。班杜拉和他的同事们努力确保除要研究的因素（攻击性榜样、非攻击性榜样以及榜样性别）以外的所有实验因素对每一名被试都是一样的。

10分钟的游戏以后，在各种情境中的所有被试都被带到另一个房间，那里有非常吸引人的玩具，如救火车模型、喷气式飞机、包括多套衣服和玩具车在内的一套娃娃等。研究者相信，为了测试被试的攻击性反应，使儿童变得愤怒或有挫折感会令这些行为更可能发生。为了实现这种目的，他们先让被试玩这些有吸引力的玩具，不久以后告诉他这些玩具是为其他儿童准备的。并告诉被试，他可以到另一间房间里去玩别的玩具。由此来激发愤怒或挫折感。

在最后的实验房间内，有各种攻击性和非攻击性的玩具。攻击性玩具包括波比娃娃、一个木槌、两支掷镖枪和一个上面画有人脸的绳球；非攻击性玩具包括一套茶具、各种蜡笔和纸、一个球、两个娃娃、小汽车和小卡车以及塑料动物。允许每个被试在这个房间里玩20分钟，在这期间，评定者在单向玻璃后依据多条指标对每个被试行为的攻击性进行评定。

总共评定了被试行为中的八种不同反应。为清楚起见，在此我们只概述四种最鲜明的反应。首先，研究者记录所有对榜样的攻击行为的模仿，包括坐在波比娃娃身上，击打它的鼻子，用木槌击打它，用脚踢它，把它抛向空中。第二，评定被试对攻击性语言的模仿，记录他重复"打他，打倒他"等的次数。第三，记录被试用木槌进行的其他攻击行为（也就是用木槌击打娃娃以外的其他东西）。第四，用列表的方式列出成人榜样未做出而被试自发做出的身体或语言的攻击行为。

（4）实验结果与分析：结果见表2-1。这些结果支持了班杜拉和他的助手们在实验前提出的四种假设中的三种。

表2-1　儿童在不同处理条件下攻击反应的平均数

攻击类型	榜样类型				控制组
	攻击性 男性	非攻击 男性	攻击性 女性	非攻击 女性	
模仿身体攻击					
男孩	25.8	1.5	12.4	0.2	1.2
女孩	7.2	0.0	5.5	2.5	2.0

续表

攻击类型	榜样类型				
	攻击性男性	非攻击男性	攻击性女性	非攻击女性	控制组
模仿语言攻击					
男孩	12.7	0.0	4.3	1.1	1.7
女孩	2.0	0.0	13.7	0.3	0.7
用木槌攻击					
男孩	28.8	6.7	15.5	18.7	13.5
女孩	18.7	0.5	17.2	0.5	13.1
自发攻击行为					
男孩	36.7	22.3	16.2	26.1	24.6
女孩	8.4	1.4	21.3	7.2	6.1

若被试看到榜样的攻击行为，他们也就倾向于模仿这种行为，男性被试每人平均有38.2次，女性被试平均有12.7次模仿了榜样的身体攻击行为。此外，男性被试平均17次、女性被试平均15.7次模仿了榜样的言语攻击行为。这些特定的身体和言语攻击行为，在无攻击行为榜样组和控制组几乎没有发现。

班杜拉和他的助手曾预测，无攻击行为的榜样能对儿童的攻击行为起到抑制作用。为了支持这种假设，结果应该显示被试在无攻击条件下攻击行为的平均数明显低于没有榜样的控制组。在表2中，结果是混杂的。比如，在用木槌攻击行为中，观察无攻击行为男性榜样的男孩和女孩表现出的攻击行为明显低于控制组；而观察无攻击行为女性榜样的男孩表现出的攻击行为却远远高于控制组。作者承认，这种矛盾性结果不能说明无攻击榜样能对攻击行为产生抑制作用。

实验假设中提到的性别差异受到实验结果的明显支持。很显然，男孩受有攻击性行为的男性榜样的影响明显超过同样条件下的女性榜样。观察男性榜样的攻击行为后，男孩每人平均共表现出104次攻击行为，而观察女性榜样后，平均只有48.4次。另一方面，女孩的行为虽然不太一致，但观察女性榜样的攻击行为后，平均出现57.7次攻击行为，而观察男性榜样后。只有36.3次表现出这种行为。作者指出，在同性别模仿条件下，女孩更多地模仿言语攻击，而男孩更多地模仿身体攻击。

最后，几乎在所有条件下，男孩比女孩都更明显地表现出身体攻击的倾向。如果把表2中的所有攻击行为的数据相加，男孩共表现出270次暴力行为，女孩则只有128.3次。

上述结果证明了特定行为（这里指暴力行为）是怎样通过观察和模仿而习得的，即使其中不给榜样或观察者以任何强化物。班杜拉的结论是：成人行为向儿童传递了一个信息，即这种形式的暴力行为是允许的，这样便削弱了儿童对攻击行为的抑制。他们指出，当儿童以后遇到挫折时，他们可能更容易表现出攻击行为。至于为什么攻击性男性榜样对男孩的影响明显大于女性榜样对女孩的影响时，他们解释说，在美国的文化中，也是在世界大部分国家的文化中，攻击行为被看成是典型的男性行为，而不是女性行为。换句话说，它是一种男性化行为。所以，攻击性男性榜样带有更大的社会认可度，因此，可能对观察者的影响更大。

（三）相关知识链接

1. 俄狄浦斯情结和埃勒克特拉情结 俄狄浦斯情结和埃勒克特拉情结均来自希腊神话，被弗洛伊德用在精神分析理论中。

（1）俄狄浦斯情结（Oedipus complex）：俄狄普斯（Oedipus）是传说中希腊底比斯的英雄。相传俄狄普斯是底比斯国王拉伊俄斯和皇后伊娥卡斯特的儿子。国王拉伊俄斯听到神的预言说，自己将死于亲子之手，因此，当俄狄普斯出生后三天，就命人用钉子刺穿了他的双脚，并命令一个奴隶把俄狄普斯扔去喂野兽。这个奴隶可怜这无辜的孩子，把他送给了科任托斯国王波吕玻斯的牧人，回去后向国王和他的妻子汇报，说任务完成了。夫妇两人相信孩子已经死掉，觉得神谕无法实现，所以内心十分平静。

国王波吕玻斯的牧人按照孩子脚上的伤口，给孩子起了俄狄浦斯的名字（希腊语“肿脚”的意思），并交给国王波吕玻斯。俄狄浦斯被波吕玻斯和妻子墨洛柏收养下来，渐渐长大，从未怀疑过国王波吕玻斯不是他的生父。

俄狄普斯成人之后得到神的预言：他将弑父娶母。俄狄普斯无比惊恐，他决定永远离开国王波吕玻斯和皇后墨洛柏。在漂泊和漫游中，他到了一个十字路口，迎面驶来一辆马车，车上坐着一位陌生老人。因车把式粗暴赶他让路，发生冲突，打死了这位老人。不料这正是底比斯国王拉伊俄斯。神谕的前一部分就这样应验了：他成了弑父的凶手。

俄狄普斯杀父事件后不久，底比斯城门前来了怪物斯芬克斯，对底比斯居民提出各种各样的谜语，猜不出谜语的人要被她吃掉。现执政的国王是王后伊尔卡斯特的兄弟克瑞翁，他张贴告示，谁能除掉这个祸端，他愿意把国王拱手相让，并把姐姐伊尔卡斯特嫁给他做妻子。

不久，俄狄普斯来到底比斯城，愿意冒生命危险试一试。怪物斯芬克斯想给陌生人一个难猜的谜语，开口说道：“早晨四条腿，中午两条腿，晚上三条腿。在一切造物中，只有他改动腿脚的数目，可是在他用腿最多的时候，肢体的力量和速度却是最小”。

俄狄普斯猜出了这个谜语后，怪物斯芬克斯羞愧难当，猛然绝望地从悬崖上跳下去，当场身亡。俄狄普斯得到了国家和妻子伊尔卡斯特，当然他不知道这正是自己的生母。他们生下了两个儿子和两个女儿。

俄狄普斯当了几年治国有方的国王，深受民众的爱戴。过了一段时间，神给这个地区降下了瘟疫。神谕只有放逐杀害前国王拉伊俄斯的凶手，灾害方能消除。俄狄普斯忧国忧民，全力缉捕罪犯。最后，他找到了那个唯一脱险的老国王的侍从，才知道杀害底比斯老国王的凶手竟然是自己。凶杀案的见证人恰恰又是曾把婴儿时的俄狄普斯交给波吕玻斯王的牧人的那个奴隶。

俄狄普斯惊骇万状，不祥的预言全部应验了：他不仅杀害了父亲，而且娶了母亲。王后伊尔卡斯特悬梁自尽，俄狄普斯刺瞎了自己的双眼。底比斯人并不嫌弃他们从前热爱和尊敬的国王，俄狄浦斯大为感动，把王位交给妻弟克瑞翁，请求为他不幸的母亲建造一座坟墓，而他自己是生是死皆由神作数，由天决定。

（2）埃勒克特拉情结（Electra complex），又称俄瑞斯忒斯情结（Orestes complex）：在希腊神话中阿伽门农是希腊军统率。在出征特洛伊的路上，阿伽门农射死了一只怀孕的兔子，得罪了狩猎女神阿尔特弥斯。阿尔特弥斯为了报复，便引来了飓风，使希腊军队在奥利斯港受阻。为平息海神带来的风浪，阿伽门农将女儿伊菲革涅亚杀死，献祭给了海神。阿伽门农的妻子克吕泰涅斯特拉希望报复丈夫的残酷无道，给女儿复仇。

埃奎斯托斯是阿伽门农的堂兄弟，一直想杀死阿伽门农为父报仇。原来，埃奎斯托斯和阿伽门农的家族从祖父佩罗普斯那一代就遭到了诅咒，这个家族将永远地自相残杀。佩罗普斯的两个儿子阿特柔斯（阿伽门农之父）和堤厄斯特斯（埃奎斯托斯之父）为了王位而争斗不休，最后，堤埃斯特斯被阿特柔斯驱逐。临走时，堤厄斯特斯带走了阿特柔斯的儿子普勒斯特涅斯，把他抚养长大后派他去刺杀阿特柔斯。但普勒斯特涅斯却被阿特柔斯所杀，阿特柔斯假意与堤厄斯特斯修好，邀他赴宴，却暗地里让他吃了他的两个儿子的肉。接着，阿特柔斯又指使堤埃斯特斯的又一个儿子埃奎斯托斯去刺杀其父，但是，这一次阿特柔斯却失算了，自己反倒被埃奎斯托斯所杀。堤厄斯特斯占领了兄长的王国，后又被阿伽门农杀死为父报仇。

阿伽门农的妻子克吕泰涅斯特拉，抵制不住埃奎斯托斯恶意的诱惑，把阿伽门农的王国和宫殿交给了埃奎斯托斯。在特洛伊战争后阿伽门农凯旋，其妻子克吕泰涅斯特拉和埃奎斯托斯趁阿伽门农沐浴之机杀死了他。当时阿伽门农的幼子俄瑞斯忒斯（Orestes）只有12岁，他的姐姐埃勒克特拉（Electra），迅速把他送走，她却在宫殿里过着悲惨的日子，心里希望弟弟快快长大为父亲报仇。多少年过去了，在一次克吕泰涅斯特拉祭祀时，两位年轻人谎称俄瑞斯忒斯死于一场比赛，要把一只金属骨灰小瓮安葬在俄瑞斯忒斯的故乡。克吕泰涅斯特拉心情复杂，埃勒克特拉非常失望。其实其中的一位年轻人就是俄瑞斯忒斯，他杀死了母亲克吕泰涅斯特拉。一个时辰后埃奎斯托斯回到宫中，在阿伽门农惨遭杀害的浴室里，被俄瑞斯忒斯和随从砍死。

2. 小阿尔伯特故事的另一个转折 小阿尔伯特的故事——行为主义学家约翰·华生进行条件反射实验，在每一个心理学教材中都会提到的孩子，按照Christian Jarrett写的一个新的杂志文章，小阿尔伯特又经历了一个悲惨的转折。

阿巴拉契亚州立大学的霍尔·贝克和他的同事们在2009年声称，他们发现了阿尔伯特的真实身份，并且他在1925年也就是6岁的时候去世了（这一故事之后载入了《心理学家》，见《寻找小阿尔伯特》，2011年5月）。现在，根据对阿尔伯特视频的最新分析，加上最新获得的医疗记录，贝克和其他人认为阿尔伯特在华生和他的助手以及女教师罗莎莉·雷纳在1920年进行实验的时候受到了神经方面的损伤。

2009年的证据指出，小阿尔伯特·道格拉斯是Arvilla Merritte的儿子，Arvilla Merritt是约翰霍普斯金大学的奶妈。道格拉斯的外甥加里·艾恩斯（Gary Irons）是新文章的作者之一，他获得的医疗记录显示，道格拉斯仅在6周大的时候得了重病，他在诊断和治疗积水型无脑畸形病的过程中共经历了9次心室和腰椎穿刺。在这些调查中还发现，道格拉斯还患了脑感染、脑膜炎和麻疹。

对阿尔伯特行为的回顾性临床评估，如同在华生的实验中展示的那样，新的文章中揭露了医疗的真相。四分钟的录像来自沃森的电影《婴儿实验研究》。

心理学家（和第一作者）艾伦（Alan Fridlund）和儿科精神学家威廉·高迪在镜头中都观察到了明显异常的证据。阿尔伯特出现惊人的反应迟钝，他们说，表现追踪受损，缺乏微笑，不成熟的语言技能和凝视行为，视力损伤等迹象。如果阿尔伯特真的是道格拉斯，那么这些损伤是有意义的，证明道格拉斯从他的健康问题中几乎可以肯定受到了大脑损伤。事实上，家庭中的传闻证据表明道格拉斯无法学会走路。此外，相比华生的可用性，道格拉斯的那时相对良好的健康和可用性，阿尔伯特测试时的年龄，都很匹配，也提供了进一步的证据表明两者是一个人。

最新披露的消息反驳了华生和雷纳关于阿尔伯特健康状况良好的说法，虽然在某种程度上没有迹象同意对阿尔伯特原始的描述“淡漠、感情缺乏”，Fridlund和他的同事认为，华生不知道阿尔伯特的病史和神经损伤是“不可思议的”。他们说华生的行为和信息披露行为引发了严重的伦理问题。“作为一个违反常态的如实准确的科学报告，不提及阿尔伯特的医学状态，在知识上有欠“认证”，无法进行复制。用他的科学理论或者其他任何的理论，在任何时间都不可能进行重复验证。

新的索赔，如果属实，也进一步破坏了常被质疑的华生和雷纳实验研究的科学价值。然而，关于用一个受损孩子进行测试的理论，Fridlund和他的合作者补充说，这种做法符合时间的惯例，学习障碍儿童被看做是一个方便被试库。华生和他的同龄人，认为合情合理。

一个显而易见的问题是，阿尔伯特所谓的障碍怎么被忽略了如此之久？华生和雷纳(1920)最有效的条件反射并没有在阿尔伯特身上发生，而是他的读者身上，Fridlund和他的同事说道，“看到条款上说小阿尔伯特是健康和正常人，因而使人们容易忽略婴儿的缺陷。”

并不是所有的人都相信这一新的声明。本杰明·哈里斯是新罕布什尔大学心理学的历史学家，他写了一个具有里程碑意义的文章，发表于1979年《艾尔伯特发生了什么?》，从心理学角度而非文学的角度讲述了阿尔伯特的故事。哈里斯怀疑道格拉斯Merritte就是小阿尔伯特。尽管他说阿尔伯特的身份对历史学家来讲没有任何兴趣。他在去年发表的文章中描述如下。

作为一个杂志评议员，哈里斯反对出版Fridlund等人的研究。他对这一研究小组至关重要，他说这已经成为封闭的和秘密性的内容。例如，他不会提供医疗的记录。“坚持认为是道格拉斯Merritte，作者沿着这条路径，现在需要他们去指控华生的欺诈、不当行为和可怕的记录，以维持他们对道格拉斯Merritte的思维定势。公开医疗记录并让公正的学者进行评判是他们的责任。”他告诉我们。

哈里斯其他的批评和关注还包括：缺乏独立性和评估小阿尔伯特视频的恰当的基于历史的专家意见，忽视华生研究中的细节(如儿科专家戈尔迪观察阿尔伯特缺乏避免反应的方法，尽管这一行为被华生指出来了。)，贫乏史学知识(没有引用医疗记录)，依赖于因果逻辑(“因为道格拉斯Merritte有‘a’‘b’‘c’症状，作者们在华生的阿尔伯特视频中努力发现这些症状，尽管在过去的90年中没有人再见过它们。”哈里斯如是说)。

最终，哈里斯质疑Fridlund等人在新的文章中关于阿尔伯特的命运是“我们这一学科中最大的未解之谜之一”的主张，“这是无稽之谈”，哈里斯说道，“……阿尔伯特的命运如何跟导致精神分裂的原因、记忆的本质这些谜底或者科学家们辛苦工作攻克的其他重大科学问题相比？在我看来不是这样子。”

檀杏，雷雳译。

3. 我不是一只实验老鼠　劳伦·斯莱特(Lauren Slater)是一位拥有心理学、教育学背景的作家。在2004年出版的《打开斯金纳箱：20世纪伟大的心理学实验》(中译本名为《20世纪最伟大的心理学实验》)中，以20世纪10个伟大的心理学实验研究为基础，运用小说、传记、访谈的手法讲了10个故事，其中一个为“斯金纳箱”实验。在斯莱特的解读中，读者可以将冷冰冰的实验室研究看成是发生在我们身边现实生活中的故事，并从中悟出自己的结论。然而，问题也出在这里。

斯莱特在该书中叙述了一些广为流传的关于斯金纳及其次女的谣言，声称斯金纳为了证明自己的理论，每天把他的女儿德博拉关在实验箱里数小时。长大后的德博拉患神经错乱，在起诉父亲失败后，自杀身亡。然而事实上，德博拉活得很好，而且是一名艺术家。德博拉指责斯莱特不仅改变了旧谣言，还制造了新谣言，自己并不是实验室老鼠。

实际上，养育德博拉的箱子并不是"斯金纳箱"，那个用来研究动物某一行为在得到奖励或惩罚之后是否容易出现的箱子。斯金纳和妻子研制了"育婴箱"是为了舍弃那些传统婴儿床上无关紧要的部件，让婴儿更舒适并减轻家务劳动。由于这个小床内的温度、湿度和噪声要加以控制，所以才有了箱子的外形，并且有一个可以升降的玻璃窗。这也难怪人们联想到"斯金纳箱"。但"斯金纳箱"和"斯氏婴儿床"的本质区别在于是否有作为奖励或惩罚的内容。婴儿床并没有作为奖励或惩罚的东西，有的只是德博拉的玩具。斯金纳 1945 年在《家庭妇女月刊》发表文章介绍这一发明时，标题使用了"箱子中的婴儿"（Baby in box），行文中还使用了"装置"（apparatus）一词，也许是斯金纳作为科学家而非自我宣传家的这种粗心表述，导致了他人的误解。

以下是德博拉的文章：

我不是一只实验老鼠

德博拉

当我读完本周的《观察者》时，我颤抖了。有一篇对劳伦·斯莱特关于我父亲斯金纳新著的评论。根据《打开斯金纳箱：20 世纪伟大的心理学实验》，我父亲，从 20 世纪 50 年代到 90 年代，是哈佛的一个心理学家，"为了证明他的理论，把他的女儿，德博拉，在一个实验箱子里面每天放上几个小时……在箱子中她的需要都被控制和塑造"。这不是真的，我父亲没有做这种事情。

我以前听到过这些谣言，但是在一份令人尊敬的周日报纸上白纸黑字地看到，好像有人在我心中重重地扎了我一下。不可否认，我不寻常的成长事实听起来容易骗人的：受人尊敬的心理学家斯金纳，曾把老鼠和鸽子放在实验箱中研究它们的行为，也曾把他自己的宝贝女儿放在一个箱子中。这对任何报纸都是很好的素材。有一个著名的哈佛心理学家，他的女儿是精神病并且不得不专门照料，但我父亲并非如此。

早期的谣言很简单，没有添枝加叶：我已经疯了，起诉了父亲，自杀了。我父亲从演讲返回家中的路上说有三个人问过他那可怜的女儿怎么样了。我记得家里的朋友从欧洲回来讲述说他们曾经遇到一个人告诉他们我已经在前一年死了。我后来发现，这个谣言流传于美国各个心理学课堂上。我一个害羞的同学几年后告诉我，她震惊了她的大学心理学教授，当教授讲述关于我的谣言时，她把拳头重重地砸在书桌上，站起来大喊大叫，"她没有疯！"

斯莱特耸人听闻的著作改编了一些旧材料，却制造了许多对我来说全新的谎言，对于我的前两年，她报告说，我父亲把我放在一个狭小的方形笼子里面，其内装有铃铛和食物盘，那是为实验准备的，以提供奖励和惩罚。那么，其后的故事就是在我父亲放我出来之后，我变成了神经错乱。其实，根本没有那事。我在法庭上起诉父亲也毫无根据。并且，与道听途说相反，我没有在 Montana 的 Billings 自杀，我从来没有去过这个地方。

确实，我童年早期是非常不寻常——但是我远远不是不受关爱，我是一个非常可爱的孩子。随你叫个名字吧，"空气床"，"婴儿箱"，"后代控制器"（不是我父亲的术语）是一个非常好的选择，去称呼这种笼子似帆布床。我父亲意图很简单，并且是以除掉他和我母亲看作是婴儿典型睡觉安排的最糟糕的方面（衣服、被褥和毯子）为依据，这些不仅仅要洗，而且它们限制了胳膊和腿的活动，这在保持婴儿舒适方面是一种有严重缺陷的方法。我母亲很幸福，她可以更少地给我洗澡，当然，没有多少衣服和毯子需要洗了，这样她同孩子们分享了更多的时间。

我也很幸福，尽管在当前这个阶段，我必须说我记不起两岁半之内的任何东西。我听说，我从来没有一次反对被放回到这里面。我透过前面的玻璃会有一个很清晰的视界，并且我沉溺于半裸在温暖、湿润的空气中，而不是被毯子半裹着和盖着。空气是经过过滤的，但不是没有细菌，并且当前面的玻璃落下来时，发自父母、姐姐和我的噪音只是减弱，而不是一点也听不到。

我深爱我的父亲，他极其关爱我们。但是如果他能对他的公众形象做更好的工作，可能关于我的故事就不会有了。他相信，尽管我们的基因决定着我们是谁，但是更多的是我们的环境塑造着我们的人格。一本时代杂志的封面故事的题目是“斯金纳说我们不能提供自由”，他所说的控制是我们的日常生活——例如，交通灯和警察力量——并且我们需要以创造更多积极控制和更少厌恶控制的方式组织我们的社会结构，这些可以从他的乌托邦小说《沃尔登第二》中可以清楚看到。他心目中最极端的是极权政府或者法西斯政府。

或许他对空气床粗心地描述也导致了公众普遍的误解。他是优秀的科学家而不是自我宣传家——尤其当你已经是一个争议性人物时这一点更危险。他使用了“装置”一词来描述空气床，该词也被他用来指那些老鼠和鸽子所使的实验用的斯金纳箱。

对我的影响呢？谁知道？我是一个相当健康的孩子，在生活的最初几个月过后，我仅仅是在被伤害或者接种疫苗时才会哭，直到六岁时我才得过一次感冒，从此我一直很健康，当然，尽管可能这是我的基因所致。坦率来讲，我惊讶于这种装置从未被人们所接受。在50年代末和60年代末之间，人们也造了一些空气床，而且一些人也筹划各种组装版，但是传统的小帆布床一直是更小、更便宜的选择。就像差不多都和心理学有联系的许许多多的夫妇一样，我的姐姐用了这样一个的帆布床养育了她的两个女儿。

我父亲的反对者肯定很高兴听到——甚至热衷于传播——关于他养育孩子的装置和疯女儿的传说。在第四广播上听过斯莱特著作减缩版或者读过相关评论的朋友曾打电话问我是否真的起诉过我父亲或者有过神经错乱的经历。我不知道有多少朋友或者同事不敢求问，还有多少人现在以异样的眼光在看待我。

既然那本书把谣言当作事实来说，为什么那些评论就不能呢？事实很清楚，斯莱特从来不花费时间和精力去检验传言的真实性（尽管她声称曾经试图对我进行追溯）。相反地，她选择了伤害我和我的家庭，同时诋毁了心理学的科学发展史。

蒂姆·亚当斯在他的《观察者评论》中至少怀疑斯莱特研究中有一些错误。他意识到“她本来能够联系到我，对她的疑问给以证实或者修正，但是很明显她没有那么做”。他的结论是什么呢？我已经躲藏起来了。好了，我来了，正在把这些事情原原本本地讲述出来。我没有疯也没有死掉，但是我非常气愤。

五、巩固习题与答案

（一）单项选择题

1. 弗洛伊德把人格发展的第一阶段称为什么（　　）

A. 动作期　　B. 口唇期

C. 本能期　　D. 吸吮期

2. 弗洛伊德所谓的恋母情结出现在哪个时期（　　）

A. 口唇期　　B. 肛门期

C. 前生殖器期　　D. 潜伏期

3. 华生认为婴儿具有三种非习得的情绪反应，它们是什么（　　）

A. 惧怒爱　　B. 喜怒悲

C. 哭笑悲　　D. 兴奋抑制平静

4. 操作性条件反射的提出者是（　　）

A. 巴甫洛夫　　B. 华生

C. 郭任远　　D. 斯金纳

5. 斯金纳认为，无论是积极强化还是消极强化，对反应的概率都能（　　）

A. 保持不变　　B. 减弱

C. 增强　　D. 守恒

6. 斯金纳认为，改变行为的关键是什么（　　）

A. 改变习惯　　B. 改变强化

C. 改变刺激　　D. 改变环境

7. 埃里克森把学前期又称为什么（　　）

A. 准备期　　B. 练习期

C. 非真实责任期　　D. 游戏期

8. 皮亚杰认为，图式最初来自于（　　）

A. 遗传　　B. 环境

C. 动作　　D. 适应

9. 根据皮亚杰的理论，逻辑思维开始出现的阶段是（　　）

A. 感知运动阶段　　B. 前运算阶段

C. 具体运算阶段　　D. 形式运算阶段

10. 维果茨基认为，人的高级心理功能发展的根源在于（　　）

A. 主观意识　　B. 客观的社会环境

C. 主客体相互作用　　D. 社会学习

11. 皮亚杰心理学的理论核心是（　　）

A. 发生认识论　　B. 结构主义

C. 适应　　D. 心理逻辑

12. 皮亚杰把机体不断追求平衡的过程称为什么（　　）

A. 自动化　　B. 平衡化

C. 功能不变性　　D. 结构化

13. 著名的瑞士心理学家皮亚杰认为儿童认知发展的形式运算阶段是在（　　）

A. 0～2 岁　　B. 2～7 岁

C. 7～11 岁　　D. 11～15 岁

14. 埃里克森人格发展理论认为儿童人格发展的每一阶段都有一种冲突和矛盾所决定的发展危机。比如 12～18 岁阶段的危机冲突是（　　）

A. 勤奋感对自卑感　　B. 主动感对内疚感

C. 自我同一性对角色混乱　　D. 自主感对羞耻感

15. 美国心理学家布朗芬布伦纳对影响个体心理发展的社会环境做了系统分析，并构建出了社会环境系统模式图，其中的核心小环境是（　　）

A. 家庭与父母　　B. 托儿机构与伙伴
C. 社会网络和社会阶层　　D. 历史文化

16. 用“习性学”理论来解释人类侵犯行为的学者是（　　）
A. 伯克威兹　　B. 洛伦兹
C. 弗洛伊德　　D. 多拉德

（二）多项选择题

1. 在教学与发展的关系上，维果斯基提出的三个重要思想是（　　）
A. “最近发展区”思想　　B. 教学应当走在发展的前面
C. 学习的最佳期限思想　　D. “内化”思想

2. 皮亚杰关于幼儿思维的代表性研究有（　　）
A. 三座山测验　　B. 守恒
C. 类包含　　D. 数概念

3. 下列哪两个概念属于同一学派（　　）
A. 强化　　B. 同化
C. 平衡化　　D. 自我同一性

4. 皮亚杰认为知识的本原来自哪两个方面的相互活动（　　）
A. 主观世界　　B. 主体
C. 客观世界　　D. 客体

（三）名词解释

1. 强化
2. 积极强化
3. 消极强化
4. 惩罚
5. 观察学习
6. 替代强化
7. 自我强化
8. 最近发展区
9. 图式
10. 同化
11. 顺应

（四）简答题

1. 简述弗洛伊德的心理性欲发展阶段。
2. 简述埃里克森心理发展的八个发展阶段。
3. 简述观察学习及其过程。
4. 维果斯基关于心理发展的标志和原因的观点。
5. 皮亚杰认为儿童认知发展可划分为哪几个阶段？
6. 简述进化发展心理学的基本观点。
7. 简述生命全程观的基本观点。

（五）论述题

1. 试论述皮亚杰的心理发展观。

2. 试述维果斯基的心理发展观。

3. 试用社会学习理论解释儿童攻击行为的形成。

六、参考答案

（一）单项选择题

1. B　2. C　3. A　4. D　5. C　6. B　7. D　8. A　9. D　10. D

11. A　12. D　13. D　14. C　15. A　16. B

（二）多项选择题

1. ABC　2. ABC　3. BC　4. BD

（三）名词解释

1. 强化：通过强化物增加某种行为发生概率的过程。

2. 积极强化：由于一种刺激的加入提高了一个操作反应发生的概率的作用。

3. 消极强化：由于一种刺激的排除增加了某一操作反应发生的概率的作用。

4. 惩罚：由于一种刺激的加入或排除降低了某一操作反应发生的概率的作用。

5. 观察学习：通过观察他人所表现的行为及其结果而进行的学习。

6. 替代强化：在观察学习中，观察者并没有直接接受强化，榜样所受到的强化对观察者来说是“替代强化”。

7. 自我强化：个体行为达到自己设定的标准时，以自己能支配的报酬来增强和维持自己行为的过程。

8. 最近发展区：儿童独立解决问题的实际水平与在成人指导下或与有能力的同伴合作中解决问题的潜在发展水平之间的差距。

9. 图式：一个有组织的、可重复的行为或思维模式。凡在行动中可重复和概括的东西，称之为图式。

10. 同化：环境因素纳入到机体已有的图式或结构之中，以加强和丰富主体的动作。

11. 顺应：当机体的图式不能同化客体时，则要建立新的图式或调整原有的图式以适应环境，即改变认知结构以处理新的信息，这就是顺应。

（四）简答题

1. 简述弗洛伊德的心理性欲发展阶段。

弗洛伊德认为人的发展就是性心理的发展，性的能量称为“力比多”，力比多集中在身体的某些器官或部位，称作性感区。性感区的变化决定心理发展的阶段性。

（1）口唇期（0～1岁）

（2）肛门期（1～3岁）

（3）前生殖器期（3～6岁）

（4）潜伏期（6～11岁）

（5）青春期（11～12岁开始）

2. 简述埃里克森心理发展的八个发展阶段。

第一阶段为婴儿期（0～2岁），发展信任感，克服不信任感。

第二阶段为儿童早期（2～4岁），获得自主感，克服羞怯和疑虑。

第三阶段为学前期或游戏期（4～7岁左右），获得主动感，克服内疚感。

第四阶段为学龄期（7～12岁），获得勤奋感，克服自卑感。

第五阶段为青年期（12～18 岁），建立同一感，防止同一感混乱。

第六阶段是成年早期（18～25 岁），获得亲密感，避免孤独感。

第七阶段是成年中期（约 25～50 岁），获得繁殖感，避免停滞感。

第八阶段为老年期，即成年晚期（50 岁～死亡），获得完善感，避免失望和厌倦感。

3. 简述观察学习及其过程。

观察学习是通过观察他人（榜样）所表现的行为及其结果而进行的学习。

观察学习分为注意、保持、复制和动机四个过程。

4. 维果斯基关于心理发展的标志和原因的观点。

心理发展的标志：

（1）随意功能的形成和发展

（2）抽象概括性的形成和发展

（3）形成间接的以符号或词为中介的心理结构

（4）心理活动的个性化

心理发展的原因：

（1）心理发展起源于社会文化历史的发展，是受社会规律制约的。

（2）儿童在与成人交往过程中通过掌握语言符号这一中介环节。

（3）内化。

5. 皮亚杰认为儿童认知发展可划分为哪几个阶段？

（1）感知运动阶段（0～2 岁）

（2）前运算阶段（2～7 岁）

（3）具体运算阶段（7～12 岁）

（4）形式运算阶段（12～15 岁）

6. 简述进化发展心理学的基本观点。

（1）个体心理发展是环境与进化机制相互影响下渐成的结果

（2）儿童心理年龄特征是自然选择的结果

（3）童年期的许多特征在进化过程中被选择为成年期做准备

（4）人类较长的童年期是为了适应复杂的社会环境

（5）进化而来的心理机制在本质上具有领域特殊性

（6）进化而来的特征并非都与现代社会相适应

7. 简述生命全程观的基本观点。

（1）个体发展是毕生的过程

（2）发展是多维度的，有不同层次和不同方向

（3）发展是高度可塑的

（4）发展是由诸多因素共同决定的

（五）论述题

1. 试论述皮亚杰的心理发展观。

（1）心理发展实质：皮亚杰认为，智力或认识，既不是起源于先天的成熟，也不是起源于后天的经验，而是起源于动作。动作的本质是主体对客体的适应。主体通过动作对客体的适应，是心理发展的真正原因。“动作”，适应的本质在于取得机体与环境的平衡。

皮亚杰认为认知是有结构基础的，图式是一个有组织的、可重复的行为或思维模式，

是动作的结构或组织，是认知结构的一个单元，一个人的全部图式组成认知结构。最初的图式来自遗传，以这些先天性遗传图式为基础，儿童的图式不断得到改造，认知结构不断发展。

皮亚杰认为，儿童认知结构的发展包括同化和顺应两个对立的过程。同化是把环境因素纳入到机体已有的图式或结构之中，以加强和丰富主体的动作。当机体的图式不能同化客体时，则要建立新的图式或调整原有的图式以适应环境，即改变认知结构以处理新的信息（本质上改变旧观点以适应新情况），这就是顺应。同化和顺应既是相互对立的，又是彼此联系的。同化只是数量上的变化，不能引起图式的改变或创新；而顺应则是质量上的变化，促进创立新图式或调整原有图式。皮亚杰认为，个体的心理发展就是通过同化与顺应达到平衡的过程。

(2) 影响个体发展的因素：皮亚杰认为，儿童心理发展受四个因素的制约，即成熟、自然经验、设计经验和平衡。成熟、社会经验和自然经验，都是儿童心理发展的必要条件，但不是充分条件。平衡是儿童心理发展中最重要的因素，是儿童心理发展的内部机制。

(3) 个体认知发展的阶段

A. 感知运动阶段（0～2 岁）：运用最初的图式对待外部世界，开始协调感知和动作间的活动。

B. 前运算阶段（2～7 岁）：心理表征能力的出现标志着感知运动阶段的结束，前运算阶段的开始。儿童获得了运用符号代表或表征客体的能力，但其语词和符号还不能代表抽象的概念，思维仍受直觉表象的束缚，难以从当前事物的知觉属性中解放出来。

C. 具体运算阶段（7～12 岁）：儿童能在头脑中对具体事物按照逻辑法则进行思考，能在同具体事物相联系的情况下进行逻辑运算。守恒是具体运算阶段的一个主要标志。

D. 形式运算阶段（12～15 岁）：青少年的思维摆脱具体事物的束缚，把内容和形式区分开来，能根据种种的假设进行推理。他们可以想象尚未成为现实的种种可能，相信演绎得出的结论，使认识指向未来。

2. 试述维果斯基的心理发展观。

(1) 文化历史发展理论：维果斯基重点研究人的高级心理功能的发生和发展。他将人的心理功能区分为两种形式：低级心理功能和高级心理功能。前者具有自然的、直接的形式，而后者则具有社会的、间接的形式。人所运用的工具有两类，一类是物质生产的工具，另一类是精神生产的工具。由于人类发明了工具，使物质生产间接进行，也导致了人类心理上出现了语言和符号即精神生产工具，使间接的心理活动得以产生和发展。正是通过工具的运用和符号的中介，人才有可能实现从低级心理功能向高级心理功能的转化。

(2) 由低级心理功能向高级心理功能发展的标志：①随意功能的形成和发展；②抽象概括性的形成和发展；③形成间接的以符号或词为中介的心理结构；④心理活动的个性化。

心理发展的原因：①心理发展起源于社会文化历史的发展，是受社会规律制约的；②儿童在与成人交往过程中通过掌握语言符号这一中介环节；③内化。

(3) 教学与发展的关系：维果斯基提出了“最近发展区”的思想。当我们要确定儿童的发展水平与教学的可能性的实际关系时，至少要确定两种发展水平，一种是儿童在独立活动时所达到的解决问题的水平，另一种是在有指导的情况下借助成人的帮助所达到的解决问题的水平。因此维果斯基提出了“最近发展区”的概念，即“儿童独立解决问题的实际水平与在成人指导下或与有能力的同伴合作中解决问题的潜在发展水平之间的差距”，他主张

"教学应走在发展的前面"，教学应带动发展，但教学也要受儿童现有发展水平的制约。

3. 试用社会学习理论解释儿童攻击行为的形成。

观察学习是通过观察他人（榜样）所表现的行为及其结果而进行的学习。

儿童观察到他人的攻击行为，并且他人的攻击行为受到了强化，就会增强产生同样行为的倾向；如果看到失败的行为、受到惩罚的行为，就会削弱或抑制发生这种行为的倾向。所以，儿童攻击行为的形成，与他人的攻击行为及其结果有密切关系。

（哈尔滨师范大学　刘爱书）

第三章　胎儿的身心发展规律与特点

一、学习要求

1. **掌握**　胎儿的心理功能的发生发展规律；胎儿健康发育的影响因素；妊娠期妇女的心理特点和维护其心理健康的方法；科学胎教的方法。

2. **熟悉**　致畸敏感期的相关知识。

3. **了解**　心理发展的生物学基础，胎儿的生理发育，尤其是胎儿神经系统的发育过程。

二、重点难点

1. **重点**　胎儿的心理功能的发生发展、胎儿健康发育的影响因素、妊娠期妇女的心理卫生、科学实施胎教的指导。

2. **难点**　心理发展的生物学基础、胎儿宫内发育分期、胎儿神经系统的发育过程、胚胎的致畸敏感期。

三、内容精要

在有性生殖的生物中，世代相传的性状是两性生殖细胞结合后发育表达的结果，好的基因表达关系到孩子的健康。胎儿期是指自受孕至胎儿出生的这段时期，也称产前期。此阶段胎儿生长发育迅速，神经生理和心理功能也相应地发展起来：胎儿在4个月时就有视觉，听觉感受器在6个月时就已经基本发育成熟，孕10周左右，胎儿皮肤已有压觉、触觉功能。孕6个月时，嗅觉开始发育。味觉在孕26周形成。胎儿的大脑在第20周左右形成。孕5个月时，脑的记忆功能开始工作。在整个孕育过程中，胎儿的先天遗传因素、孕妇的营养、疾病及用药、外部环境因素等，均可影响胎儿的正常生长发育。尤其在妊娠早期，孕妇受到不良因素（感染、药物、营养缺乏等）的影响，会导致流产及先天畸形等。孕妇的心理卫生是影响胎儿健康和能否顺利分娩的重要因素，家人及妇产科医护人员应有针对性地做好孕妇的孕期保健。孕妇自己也应保持健康愉快心境，学会克服不良情绪。胎儿已经具备了一定的感知能力，能够对外界的声音、振动等刺激进行反应，而且思维和记忆也开始形成，此时用科学、有效、切实可行的方法进行胎教，可以最大限度地开发胎儿的潜能。

四、阅读扩展

（一）经典实验

有趣的胎儿实验

（1）胎儿对外声刺激的反应实验：胎儿在妊娠三个月内就可建立听觉。经过刺激后颇面运动的发生潜伏期短，而上下肢活动的潜伏期较长，约在 1.5 秒以上才能发生。胎龄小于 21 周的 24 例胎儿中有 3 例接受刺激后只有上下肢活动，而不伴有头的活动或眨眼活动。胎龄 25 周，此时是在宫外可存活的边缘时期，胎儿对听到惊吓声音的反应是很敏锐的。

1）外界声音刺激下胎心率变化的实验：这个实验是由澳大利亚墨尔本市蒙纳施大学维多利亚皇家医院产科做的，实验方法是用胎心记录议，记录 14 名妊娠 38～40 周正常孕妇的胎心率和宫内压。实验时先检查记录各种不同时间内胎心率变化，记录的平均时间是 44 分钟，胎心率每分钟 120～160 次为正常心率，凡是心率比正常心率改变在 15 次 / 分以下为心率正常变异。如果超过 15 次 / 分为心率超过正常变异。声音刺激前的胎心率变化数据作为实验对照用。实验是将体外扬声器放在孕妇的下腹部，靠近胎头处。扬声器发出一段一段的发作性刺激声音，共发作 1～22 次，每次都持续 20 秒钟，声音频率在 500～1000 赫兹之间，是一种纯音，引起宫内声压为 80 分贝。对 14 名分娩前产妇进行实验，在声音刺激前和刺激期间，胎儿心率改变的发作例数和心率改变范围。

2）外界声音刺激下胎动变化的实验：这个实验是由美国佛罗里达大学医学院和芝加哥伊利诺大学医学院妇产科做的。接受实验的对象是 60 名妊娠 7～9 个月的正常孕妇。实验时用超声波系统连续观察胎儿，把超声波扫描探头对准胎儿，胎儿动作显示在一个黑白监视器上，并用活动游标在一个细条图表上记录胎动。在孕妇下腹部中线位置放一个声波计产生声音刺激。将 60 名孕妇分为三组，第一组 25 人，作为对照观察组，不接受发声刺激。第二组 10 人，在 1 分钟内接受 500 赫兹的声波刺激，声压为 110 分贝。第三组 25 人，在 1 分钟内接受 2000 赫兹的声波刺激，声压为 110 分贝。各组孕妇均被在不知不觉中计数胎儿的运动。对照观察组做连续 5 分钟的计数，对有声响刺激的二、三组，在 5、15、30、60 分钟时刻，分别做连续 5 分钟观察计数。实验后用电子计算机进行分析，将受声音刺激组的胎动和不给刺激的对照组的胎动做对比。实验结果是，对照组胎动 5 分钟计数平均为 13 次。而第三组在接受 2000 赫兹 110 分贝声音刺激实验时，在 5、15、30、60 分钟时刻，分别做连续 5 分钟观察，胎动计数平均值为 23 次、22 次、22 次、16 次。从第三组实验测得的数据中可见，接受刺激后胎动次数明显增加。第二组即接受 500 赫兹（110 分贝）声音刺激实验，也得到相似的结果。

3）胎儿对外界刺激有眨眼反应的实验：这个实验是美国芝加哥 SUKE，S 医学中心 1981 年应用高效的超声显像设备进行的。实验对象是妊娠 26～32 周健康孕妇 236 例。实验方法是用手握、拍打胎儿，或用 5B 型电喉，放在母亲腹部直对胎儿的耳朵，发出 110 分贝声音（到达宫内声音可降低 15 分贝）。在刺激过程中，始终用超声显像监测胎儿的眨眼活动，他们观察到怀孕 26 周的胎儿，增加刺激的频率，均可有自发性的眼睑活动，并且潜伏期很短，小于 0.5 秒即可出现反应，同时两眼睑均可发生活动。此外观察到不同胎龄对声音反应不同。从实验结果看，胎龄小于 24 周，对声音刺激均无反应，胎龄大于 29 周都可出现眨眼反应。并观察到听觉传音反射多伴有颊肌和额肌的收缩。其他惊吓反应如摇头、上臂活动及下肢伸展都可发生。

（2）胎儿的视觉实验：很长一段时间里，人们以为，胎儿生活在子宫内，即使到后期眼睛已发育成功，但两眼也是一抹黑，什么也看不见。因为胎儿生活在羊水的“海洋”里，外面的世界层层设防，除了羊水、羊膜外，还有绒毛膜，最后又加上子宫。如此“庭院深深”，一般光线自然很难透进，因此，子宫世界充满了黑暗，胎儿在这黑暗的条件下没有看东西的需要，也不可能看见什么东西。然而，事实并非如此，胎儿的眼睛并不是完全看不见东西。

胎儿的视觉比其他感觉的发育缓慢。就连刚刚生下不久的婴儿，视觉也并不特别敏感，而且其视野比较狭窄。

其原因是显而易见的，即子宫虽说不是漆黑一片，却也不适于用眼睛看东西。然而，胎儿的眼睛，并不是完全看不见东西，从胎儿第4个月起，胎儿对光线就非常敏感。母亲进行日光浴时，胎儿就可通过光线强弱的变化感觉出来。

胎儿生活在母亲的腹中时期，属于视觉神经发育的准备阶段，完全能看见东西是不可能的，但胎儿的眼睛对光的明暗会有所感知。

通过研究观察发现，当摄影灯突然打开发出强光后，强光透过躺着的孕妇腹壁进入子宫内部后，胎儿马上活动起来，要等几分钟的适应之后，胎动才减弱下来。为了避免强光的热效应刺激了孕妇腹部而引起的胎儿反应，实验中把白炽灯浸泡入装水的玻璃槽内，光线透过装水的玻璃照在孕妇腹壁，然后光线透入子宫内，同样发现了受光线突然照射，引起了胎动增强。

美国哈佛医学院报道，利用仪器得以目视观察妊娠后半期的胎儿眼睛显影，辨认区分眼动的方式。对妊娠16～42周的胎儿眼睛90%以上目视可见。16周出现慢速眼动，23周开始出现快速眼动，而在妊娠24～35周较频繁出现眼动。36周后常见的是眼无活动，呈现出“深睡眠”状态。

（3）胎儿的味觉实验：舌头的味蕾可以感觉苦、辣、酸、甜的味道。胎儿在7个月左右已经具有感觉味道的能力。因为，如果给7个月的早产儿喂食甜味的东西，马上就会有反应。

感觉味道的味蕾，在妊娠3个月时逐渐形成，直到出生之前慢慢完成，不过，在妊娠7个月左右已大致完成。

4个月大的胎儿，其在宫内的环境适应能力之一就是因为胎儿有味觉，他能够辨别出羊水的味道，从而决定吞咽与否，或者吞咽多少。尽管羊水的味道稍具咸味，胎儿还是能够津津有味地品尝。

新西兰科学家艾伯特·利莱通过一个简单的实验证明了胎儿的味觉在4个月时已经出现：他在孕妇的羊水里加入糖精，发现胎儿正以高于正常1倍的速度吸入羊水。而当他向子宫注入一种味道不好的油时，胎儿立即停止吸入羊水，并开始在腹内乱动，表示抗议。观察还发现，怀孕7个月的胎儿尝到甜味时会吸吮，尝到苦味时还会做出吐舌头的动作。

（二）相关知识

1. 胎教能有效培养胎儿感觉能力　很多国外学者已经认识到，胎儿不仅是一个生命体，而且是积极、敏锐的个体。胎儿具有感觉、理解、学习能力和较复杂的生理反射功能；胎儿与母体之间存在着生理、行为和信息的传递；胎儿对外界刺激的反应可表现为胎心加速、脑电活动及胎动方式的改变；子宫外的环境可对胎儿产生积极或消极的影响。因此，如何改善胎儿的内外环境，充分发掘和利用早期学习与教育的潜能，以促进人类早期行为的发展，已成为人们日益关注的焦点。一些国外学者的独创性研究表明：在人类早期发育阶段给予适当的感觉刺激（主要是听觉刺激，如优美、悦耳的音乐，父母对胎儿说话和唱歌的声音，以及触觉、视觉、前庭感觉刺激等），可明显促进婴幼儿感知和语言功能的发育，增强家庭内部的凝聚力，并有助其生理 - 心理 - 社会潜能的全面发展。

国外研究还表明：早在妊娠的第3个月，胎儿就能感知听觉刺激。可以设想，如果感受不到母亲的心跳或母亲熟悉的声音，胎儿的神经系统将不能正常发育。在一项研究中，专家把一个特制的麦克风置入孕妇已扩张的宫颈内，以记录宫腔内所有的听觉刺激。结果发现，孕妇心脏的节律性搏动是主要的听觉刺激，新生儿在出生后不久再听到从宫腔内所收录的母亲心音时，会变得放松、安静。其他学者也做了类似研究，结果表明：不仅母亲的心音对新生儿有镇静作用，而且新生儿能辨别出母亲的声音。当新生儿听到母亲在孕期喜欢听的轻音乐时，立即停止哭泣，并且全身放松。所有这些说明，婴儿在出生前就已有记忆能力。在1984年已有证据表明，妊娠期的歌声能促进孩子的智力发展，而且母亲歌声的和谐振动能使胎儿获得感情、感觉上的满足。曾在宫腔内聆听过歌声的新生儿似乎更为安静和敏锐，在出生后即对新环境的变化非常敏感。有的学者还指出，大约在妊娠第20周，胎儿的耳迷路发育成熟，应从此开始，选择古典音乐或者其他旋律优美的音乐，对胎儿进行听觉刺激，避免不和谐的噪声和强度大的声音（如摇滚乐等）；在妊娠第24周后，胎儿最容易听到频率较低的（父亲）声音，父亲可对胎儿讲话或唱歌。还有的学者认为，应从妊娠第12周开始，采用频率低于800赫兹、富含泛音的乐曲对胎儿进行听觉刺激；在妊娠后半期及婴儿出生后，可采用较高频率和较快节奏，并含更多音素的乐曲。如此，可尽早地诱导迷路听觉，而迷路听觉是人体各种感觉的枢纽。

国外学者通过实验研究，以为触觉刺激对胎儿很重要，常用的触觉刺激方法是通过孕妇的腹部来间接刺激胎儿的躯体感觉系统。有证据表明，触摸感是使胎儿产生安全感的主要因素。这意味着加强胎儿与双亲之间积极的双向联系是必要的。来自母体的轻柔刺激，也是提高胎儿的内啡呔水平以及免疫功能的一种较好的方式。在国外创办的胎儿大学的胎教方案中，把听觉刺激（音乐、语言）和触觉刺激（当胎动出现时轻拍或抚摸孕妇腹部）相结合应用于胎教，已取得满意的效果：凡接受了胎教的孩子喜欢听音乐，反应敏锐，而且微笑和说话出现早。还有，当孕妇运动时，也使胎儿随之活动，从而给胎儿的躯体及前庭感觉系统提供一个很自然的刺激。研究表明，这种刺激可促进胎儿的运动和视觉功能，并可改善胎儿摄食和睡眠行为。

以上实验研究报告表明，胎儿经过胎教具有各种感觉能力是不争的事实，也证实了胎教的坚实的客观基础和不可怀疑的科学性。北京、上海、深圳、自贡等地的胎教研究部门，都有科研报告证实胎教对胎儿感觉能力的培养，使孩子出生后神经系统的反应和协调比较灵敏，对他们的语言、行为、性格智力发展有明显的作用。

目前，胎教在临床实践中已经得到了广泛应用。杨柳（2016）研究了音乐胎教对胎儿血流动力学及行为活动影响的超声评价，研究结果表明，23周孕龄及以上健康胎儿行综合胎教可明显改善胎儿血循环，增加心脑血流量，促进胎儿发育。黄绍芳、朱淑平等（2015）开展了胎教方式在电子胎心率监护中唤醒胎儿的临床研究，研究结果表明，做电子胎心率监护时，引导孕妇自行抚摸腹部和语言胎教相结合的方法唤醒胎儿可缩短检查时间，降低假阳性率，可产生良好的经济效益和社会效益。危娟、徐富霞（2014）对音乐疗法在早产儿护理中的应用效果进行了研究，结果表明，音乐疗法能促进早产儿体重增长、进食量增加，改善早产儿的心肺功能。陈春霞（2017）对激光穴位照射联合音乐胎教治疗孕妇胎位不正的临床效果进行了研究，研究结果表明激光穴位照射联合音乐胎教治疗孕妇胎位不正临床效果显著，且简单可操作性强，具备普及价值。邓翠莲、钟玉瑶（2016）等研究了音乐胎教对胎儿免疫功能的影响，结果表明，音乐胎教能有效地降低胎儿一胎盘循环阻力，增加胎盘灌注血流量，有利于胎儿对于营养物质和氧气的吸收，同时显著增强胎儿免疫力。

2. **可能会导致胎儿畸形的药物** 药物的副作用是人所共知的，一些药物对胎儿的不良影响，往往是人们更加担心的。在我们的身边，就有许多的药物，不仅可以导致胚胎或胎儿流产，还会导致胎儿畸形，出现极其严重的后果。这些有害药物引起的副作用，大多是在受孕后第3周到第14周发生，这时是胚胎发育期，此时期最易致残致畸。

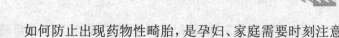

如何防止出现药物性畸胎，是孕妇、家庭需要时刻注意的问题。由于在孕期滥用药物、接触化学物质或用药不当，常常导致的胎儿器官形态构造异常。据报道，有人调查分析33万畸形新生儿，发现因服药不当所致者就有万例以上。这的确是令人担心的问题，因为这对优生优育已经构成了严重威胁。

从药物的分类来说，容易导致胎儿畸形的药物主要有如下多种：

（1）性激素类药物：最为常见的性激素乙烯雌酚可使女婴男性化、男婴女性化，使性器官发育异常；黄体酮、睾酮之类的激素可使女婴男性化。肾上腺皮质激素也可引起胎儿各种畸形。

（2）部分抗生素药物：在孕期，发生各种感染是比较常见的现象，如果滥用抗生素也是非常危险的事情。人们常用的四环素可致胎儿畸形、牙齿变黄，还能引起先天性白内障、长骨发育不全。链霉素和卡那霉素可致先天性耳聋、肾脏受损，有的胎儿十分敏感，即使少量使用也可能出现严重后果。氯霉素可致胎儿骨骼功能抑制，致使新生儿肺出血。

（3）过量使用维生素A：过量使用维生素A也是不安全的。有许多人认为维生素是保健的药物，服用多少都是安全的，其实不然。维生素服用过量也会导致胎儿畸形，该药有一个安全范围，不可随意大量使用，一般情况下，孕妇每天服用维生素A的容许量为3300国际单位，维生素A酯为5000国际单位，不可超剂量服用。

（4）部分镇吐药物：怀孕早期由于反应性呕吐，许多孕妇为了减轻痛苦，常常服用一些镇吐的药物，实际上部分镇吐药也有致畸的危险。这类药包括异丙嗪、氯丙嗪、三氟拉嗪、氯苯甲嗪等，可致胎儿心脏发育受阻而患先天性心脏病。人们以为中药十分安全，其实这种观点也是错误的，比如具有镇吐作用的中药半夏，动物实验就有导致胎儿畸形的副作用。

（5）抗癫痫类药物：这类药尽管不是常用药物，可一旦服用，足可导致胎儿畸形。常见的畸形为兔唇、腭裂、小头、指端发育不全、先天性心脏病和智力低下。这类药包括苯妥英钠、丙戊酸钠、苯巴比妥等。

（6）解热镇痛药物：这类药物也是比较常用的，如果滥用，常常致使胎儿软骨发育不全、脑积水、畸形足和先天性心脏病、智商和注意力较同龄人低，使胎儿的神经系统和肾脏也受到影响。这类药物包括阿司匹林、安乃近、非那西丁、感冒通等，以及含有此类成分的复方制剂。

（7）抗肿瘤药物：这些药物往往具有很大的生物毒性，如孕妇使用，本身也会遭受很大的伤害。如氯甲蝶呤、白消安、6-巯基嘌呤和环磷酰胺等，可致胎儿颅骨骨化不全、腭裂、脑积水、指趾畸形。有的孕妇由于罹患恶性肿瘤，常常必须使用一些抗癌药物，在这种情况下，最好不要怀孕，以免发生意外。

3. 判断胎儿宫内发育迟缓的方法 有两个检测方法可帮助判断胎儿是否是宫内发育迟缓，并跟踪胎儿在子宫内的生长发育情况。一是超声波检查。在怀孕期间通常每三四周就要检查一次，确保胎儿正常生长。医生可通过超声波检查了解胎儿的内脏器官，测量生长发育指标。有一种特殊的超声波检查叫做胎儿生物物理评分，医生可以进一步观察胎儿的呼吸、肌肉骨骼的运动等。二是无负荷试验。这个试验可反映胎儿的心跳的反应能力。健康的胎儿活动时心跳会加快。无负荷试验一般需要20～30分钟，如果胎儿睡着了则需要更长的检查时间。有时，医生还会在孕妇子宫收缩时观察胎儿的心跳（宫缩应激试验）。如果这些检测结果中任何一项异常，医生就会进一步检测。如果怀孕过程出现异常，医生可能会提早促进分娩（人工引产）。

4. 孕晚期正确的睡眠姿势 孕晚期忌仰卧与右侧卧睡姿。这是因为仰卧和右侧卧睡姿，会压迫下腔静脉，影响血液循环，减少下肢血液循环；而右侧睡姿，会影响胎儿的血液供应，造成胎儿慢性缺氧，给胎儿带来严重的影响。

孕晚期睡姿左侧卧位孕晚期最佳睡姿是左侧卧位。左侧卧位有助于改变子宫右旋，减轻子宫血管张力，保证胎盘的血流量，利于胎儿发育。

实验证实：孕妇在怀孕期间，特别是孕晚期，采取坐卧卧位是孕妇的最佳睡眠姿势。此外左侧卧位还有助于改变子宫右旋转向直位，由此达到胎位变换正常以及分娩正常的功效。孕妇选择左侧卧位还有助于胎儿更好地获取氧气、营养物质、排出二氧化碳及废物。有助于孕妇减轻子宫血管张力，保证胎盘的血流量，促进胎儿健康发育；还可以避免子宫对下腔静脉的压迫，减少孕妇肢体水肿，促进血液循环，减少早产的危险。除了孕晚期睡姿重要外，孕晚期的睡眠也非常重要。医生建议孕妇在孕晚期最起码要保持9～10个小时的睡眠时间，而且要保持最佳的睡眠质量，养成有规律的睡眠习惯。

5. B超检查的最佳时间 在怀孕2月内过多做B超会使胚胎细胞分裂与人脑形成受到影响。怀孕4、5、6个月时由于胎儿脏器发育不完善，过多做B超会影响胎儿发育。当然有异常情况时例外。B超检查时间一般在怀孕5～6月后为佳，胎龄越大，超声波对胎儿影响越小。一般认为，怀孕18周以内的胎儿最好不要做B超，尤其在怀孕早期。当然特殊情况除外，比如有阴道出血者，需要做B超确定胎儿是否存活，能否继续妊娠，有无异常妊娠或葡萄胎等。

建议：(1) 第一次检查时间是在怀孕18～20周，此时可确定怀的是单胎还是多胎，并可测量胎儿头围等。因为这一阶段胎儿B超多项指标误差较小，便于核对孕龄。

(2) 第二次检查时间安排在怀孕28～30周，此时做B超目的是了解胎儿发育情况，是否有体表畸形，还能对胎儿的位置及羊水量有进一步的了解。

(3) 最后一次是在怀孕37～40周，此时做B超检查的目的是确定胎位、胎儿大小、胎盘成熟程度，有无脐带缠颈等，进行临产前的最后评估。

6. 孕妇营养与胎儿发育的关系 科学研究证实，孕妇营养对胎儿的发育有着直接而巨大的影响。这种影响具体地可从以下几个方面来看。

第一，从热能上来看。一般中或轻体力劳动妇女每天约需热能为2200千卡。妊娠前3个月，孕妇的热能需要与孕前基本相同。需要注意的是，一些孕妇在1～2月内因反应较大，不想吃饭，导致热能摄入减少。为避免此种情况发生，孕妇可适当增加摄食次数，争取保持第3个月略有增重。妊娠4个月后，各种营养素和热能都应成比例地增加，我国营养学会建议每天增加400千卡热能。其中粮食类谷物应占总热量的60%～65%，烹调油和动物油脂应占总热量的10%～20%，蛋白质应占热量的20%。如果孕妇的热量供应不足，营养素的贮备就相应地不足，导致胎儿皮下脂肪的数量减少，削弱新生儿期的保温能力。严重的还会使胎儿个子小，对孩子造成永久性损害。

第二，从蛋白质上看。孕妇在4～6月间，每天应增加9克优质蛋白质(牛奶250克，或2个鸡蛋，或100克瘦猪肉)。如以植物性食物为主，每天应增加蛋白质15克(干黄豆40克，或豆腐200克，或豆腐干75克)。当然，最好用动物性蛋白占2/3，配上1/3豆制品或混合粮食，以使蛋白质利用率提高。一般说来，中等身材孕妇(55公斤者在此期间每日应供应蛋白质80克)。孕妇蛋白质供应不足，不但影响胎儿体格发育，也会使其大脑发育不足，脑细胞数量减少40%～60%，以致智力低下。同时，母体蛋白质贮备不足，还会导致妊娠期贫血、营养缺乏性水肿及妊娠中毒症；导致孕妇日后乳房乳汁分泌不足或无奶，并使孕妇容易感染产后合并症。

第三，从维生素上看。孕妇每天应供应维生素A3000国际单位或胡萝卜素6毫克，维生素B1、B2各1.8毫克，叶酸800微克，维生素C100毫克，维生素D400～1000国际单位。维生素A可促进胎儿的正常生长发育，但妊娠早期不宜摄入过量，应在妊娠4～6个月期间随蛋白质供量增加而渐增。叶酸能防止妊娠早期胎儿神经管畸形的发生，在北方山区及边远农村要特别号召妇女婚后或妊娠前服用叶酸。缺乏叶酸还会发生营养性大细胞贫血。维生素C能促进胎儿生长，促进骨骼与牙齿发育及健全造血系统，增进胶原蛋白合成。

第四，从矿物质上看。胎儿共需钙30克，为母体钙的2.5%。妊娠4～6个月的孕妇每天需摄入钙800毫克，妊娠7～9个月的孕妇每天需摄入的钙量则增至1500毫克。如果孕妇摄入钙、磷不足，胎儿就会从母体的骨和牙齿中夺取钙以供生长所需，孕妇缺钙会排肠肌痉挛，凝血困难，骨齿松动。孕妇每天需摄入铁28毫克，摄入不足会发生缺铁性贫血，影响新生儿出生时的体重，还可能导致早产。孕妇每日需锌20毫克，缺锌会使胎儿生长减慢甚或停滞，性器官发育不良，导致其先天性性功能不足、侏儒症和中枢神经系统畸形。

7. 空气污染影响胎儿的应对方法　近几年，城市空气污染严重，PM2.5爆表的天气时有发生，空气污染已经成为不能忽视的问题，老人、小孩、孕妈妈的身体都容易成为攻击对象，应着重做好应对。

（1）空气污染影响胎儿发育：PM2.5是空气动力学当量直径小于2.5微米的颗粒物质，又称为细颗粒物，可引起能见度的降低，是构成雾霾天气的主要原因。由于其粒径更小，吸附或载带的有毒有害成分更多。同时，PM2.5在空气中停留时间长，也更容易进入人体呼吸道深部，因此对健康的危害更大。

空气污染影响胎儿发育。对接触高浓度PM2.5的孕妈的研究表明，高浓度的细颗粒物污染可能会影响胚胎的发育。美国曾经有一项研究，对每位孕妈周围环境的48小时空气样本进行采集，白天采用便携式空气监测器，夜间则把空气监测器置于床边。这是首次针对孕期空气污染对胎儿预后影响的试验研究，结果显示，生活在空气污染较为严重的环境下的孕妈妈娩出的宝宝出生体重降低9%，头围数减少2%，而空气相对较好的孕妈妈们娩出的宝宝则没有明显的变化。研究表明，空气污染对胎儿的低出生体重和小头围有关，研究显示环境污染已对纽约市的胎儿生长构成威胁。

（2）空气污染的应对方法

第一，室内保持空气清新。

在室内，孕妈妈要注意及时补充水分，多喝水，保持呼吸道黏膜的湿润。另外还有助于体内新陈代谢，排出体内毒素。

注意个人卫生，勤换洗衣服，特别是在外出回来，衣服灰尘等小微粒比较多，最好清洗一下，以免滋生细菌以及感染各种病毒。

长期在家里，孕妈妈难免会觉得沉闷，这时候要找点别的事情做，例如看看电视，听听音乐，看看书等让自己心情好一点，还可以偶尔打电话给朋友聊聊天等，在室内也可以做一下各种伸展运动，保持身体健康，增加免疫力。

别把窗户关太严，有时候家里的油烟味、以及家具散发的各种有害气体对身体的伤害更大，所以大雾的时候，就开一点点窗户，等到中午阳光充足的时候，注意给室内“换换气”。

第二，室外活动要注意做好防护措施。

在空气污染严重的日子里，避免外出散步，如晨练等，早晨空气中的有害物质会被吸入呼吸道，从而危害孕妈妈的健康，可以选择阳光灿烂的时候，再外出晒太阳、散步。

尽量减少外出。当遇到浓雾天气，尽量待在家中，如果是不得不出门，最好就戴上口罩，戴口罩可以防止一些尘螨等过敏源进入鼻腔。孕妈妈要注意了，挑选一些正规的生产厂家的产品，另外主要以每天换洗，最好用开水消毒一下。

尽量愿意人多拥挤的地方，减肥病菌的接触，另外，冬季孕妈妈要注意保暖，穿多一点衣服切勿着凉。

有条件的孕妈妈，孕期特别是孕早期，可以选择先到空气清新的地区保胎。

第三，多吃一些清肺的食物。

小食物帮大忙。雾里有细小的水珠、粉尘甚至污染物，如有哮喘、鼻炎、老慢支等呼吸道病史的孕妈妈们一定要注意，病菌附着在粉尘上，随呼吸进入肺部，容易引起呼吸系统疾病。雾天里，要多吃新鲜蔬菜和水果，这样能起到润肺除燥、祛痰止咳、健脾补肾的作用。少吃刺激性食物，多吃些梨、枇杷、橙子、橘子等清肺化痰食品。

适量补充维生素 D。维生素 D 可以促进人体肠道对钙、磷的吸收和利用，并能维持细胞内外的钙浓度，是补钙时不可忽略的辅助因素。经常晒太阳是人体廉价获得充足有效的维生素 D 的最好途径。而因为空气污染严重，孕妈妈们减少了外出晒太阳的机会，也就减少了维生素 D 的吸收。像大马哈鱼、红鳟鱼、鳕鱼肝油、比目鱼肝油、奶油、鸡蛋、鸡鸭肝等动物肝脏以及牛奶等这些食物都含有丰富的维生素 D，孕妈妈们平时要注意多吃这些食物。

（三）推荐的网站和书籍

[1] 胎儿保健 http: //www.5721.net/terfyu/

[2] 爱孕网 http: //sh.iyun.com/

[3] 妈妈窝 - 湖南妈妈的网上家园 www.mamavo.com

[4]《西尔斯怀孕百科》(ISBN：9787544244244）作者：(美）西尔斯等，子怡译 .http: //book.douban.com/subject/3655433/

[5]《怀孕圣经》(ISBN：9787533135645）作者：(英）(Anne Deans）安妮·迪安，李振华等译 .http: //baike.baidu.com/view/2607113.htm

[6]《等待 NEMO 的日子》(ISBN：9787802256507）作者：蒋小黎 .http: //baike.baidu.com/view/2567662.htm

[7]《怀孕全书》(ISBN 7206036775）作者：(美）威廉·西尔斯，玛莎·西尔斯，琳达·霍特 .http: //baike.baidu.com/view/3903248.htm

[8]《谁拿走了孩子的幸福》(ISBN：9787807630319）作者：李跃儿 .http: //baike.baidu.com/view/1746755.htm

[9] 朱智贤 . 儿童心理学 . 北京：人民教育出版社，1994 年 .

[10] 林崇德 . 发展心理学 . 杭州：浙江教育出版社，2002 年 .

[11] 刘金花 . 儿童发展心理学（修订版）. 上海：华东师范大学出版社，1997 年 .

[12] 朱莉娅·贝里曼等著 . 陈萍，王茜译 . 发展心理学与你 . 北京大学出版社，2000 年 .

[13] 高月梅，张泓 . 幼儿心理学 . 杭州：浙江教育出版社，1993 年 .

[14] Bee.L.Lifespan Development，Addison-Wesley Educational Publisher Inc.1998.

[15] Shaffer，D.R.Developmental Psychology（6th ed.）Belmont：Wadsworth/Thomson Learning，Inc.2002.

[16]【美】戴安娜·帕帕拉著:《发展心理学》(英文版)人民邮电出版社,2005.5

(四)经典案例

反应停事件

人类发明的化学药物,既给人类带来了极大的益处,但也给自己造成了意想不到的伤害,对化学药物的盲目依赖和滥服药物,已造成了许多不应有的悲剧。其中最典型的案例之一,就是反应停这一著名的事件。

"反应停"真正的药名叫沙立度胺,最早由德国格仑南苏制药厂开发,1957 年首次被用作处方药。沙立度胺推出之始,科学家们说它能在妇女妊娠期控制精神紧张,防止孕妇恶心,并且有安眠作用。因此,此药又被叫作"反应停"。上世纪 60 年代前后,欧美至少 15 个国家的医生都在使用这种药治疗妇女妊娠反应,很多人吃了药后的确就不吐了,恶心的症状得到了明显的改善,于是它成了"孕妇的理想选择"(当时的广告用语)。于是,"反应停"被大量生产、销售,仅在联邦德国就有近 100 万人服用过"反应停","反应停"每月的销量达到了 1 吨的水平。在联邦德国的某些州,患者甚至不需要医生处方就能购买到"反应停"。

但随即而来的是,许多出生的婴儿都是短肢畸形,形同海豹,被称为"海豹肢畸形"图 3-1。

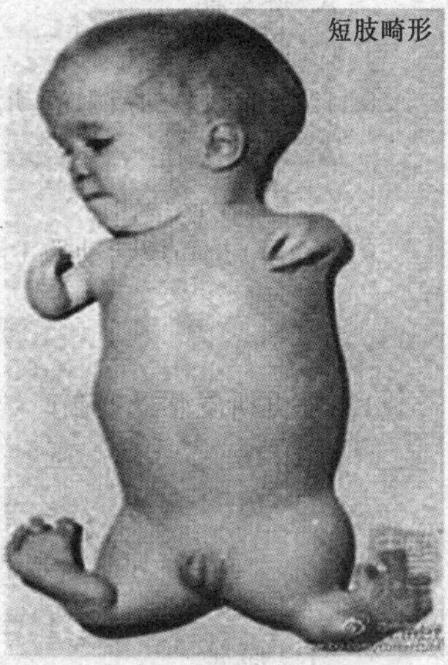

图 3-1　海豹样畸形儿

1961 年,这种症状终于被证实是孕妇服用"反应停"所导致的。调查表明,在怀孕一二个月之间,服用了反应停的母亲便生出这样的畸形儿。这种婴儿手脚比正常人短,甚至根本没有手脚。截至 1963 年在世界各地,如西德、美国、荷兰和日本等国,由于服用该药物而诞生了 12000 多名这种形状如海豹一样的可怜的婴儿。

经过媒体的进一步披露,人们才发现,这起丑闻的产生是因为在"反应停"出售之前,有关机构并未仔细检验其可能产生的副作用。记者的发现震惊了世界,引起了公众的极大愤怒,并最终迫使沙立度胺的销售者支付了赔偿。

格兰泰公司随后发现,这种药品对新生儿的危害不仅是四肢,可能导致眼睛、耳朵、心脏和生殖器官等方面缺陷。1961 年,这种药品不再允许销售,但格兰泰公司始终拒绝承担责任。直至 2012 年,格兰泰公司首席执行官哈拉尔德·斯托克发表讲话,50 年来首次就药品沙立度胺致新生儿先天畸形道歉。

五、巩固习题与答案

(一)单项选择题

1. 在有性生殖的生物中,上下代之间传递的并不是遗传性状本身,而是控制遗传性状的(　　)

A. 遗传因素	B. 遗传物质
C. 环境因素	D. 环境物质

2. 下列属于单基因遗传病的是(　　)

A. 先天性心脏病　　B. 唇裂
C. 甲型血友病　　D. 腭裂

3. 下列属于多基因遗传病的是（　）
A. 软骨发育不全　　B. 先天性心脏病
C. 甲型血友病　　D. 苯丙酮尿症

4. 胎儿胎龄的计算，以孕妇末次月经的第一天算起，通常以（　）为正常孕期
A. 27～32 周　　B. 27～35 周
C. 37～42 周　　D 37～45 周

5. 着床后，胚泡的内细胞群形成（　）
A. 分裂球　　B. 细胞团
C. 桑葚胚　　D. 胚胎

6. （　）胎儿死亡率很高，胚胎总数的 30% 可能都在此阶段流产
A. 胚芽期　　B. 胚胎期
C. 胎儿期　　D. 婴儿期

7. （　）是指怀孕后的第九周至胎儿出生这一段时间
A. 胚芽期　　B. 胚胎期
C. 胎儿期　　D. 婴儿期

8. 12 周的胎儿的反射活动涉及（　）
A. 防御反射　　B. 吞咽反射
C. 巴宾斯基反射　　D. 眨眼反射

9. （　）是心理活动的主要物质基础，主要由神经胶质细胞和神经细胞组成
A. 神经系统　　B. 大脑
C. 心脏　　D. 神经细胞

10. 胎儿听觉感受器在（　）周时就已经发育成熟
A. 16　　B. 18
C. 20　　D. 24

11. （　）是较强的机械刺激导致深部组织变形时引起的感觉
A. 触觉　　B. 压觉
C. 痛觉　　D. 知觉

12. 孕（　）周时，味觉感受性增强，胎儿能够辨别苦与甜
A. 24　　B. 28
C. 32　　D. 36

13. 一般情况下，（　）可以保护中枢系统免受某些毒素的侵害
A. 突触　　B. 神经元
C. 血 - 脑屏障　　D. 免疫细胞

14. 医学模式由传统的生物学模式转为现代的（　）医学模式
A. 生物—社会　　B. 心理—社会
C. 生物—心理　　D. 生物—心理—社会

15. 下列属于影响胎儿发育的外部环境因素有（　）
A. 饮酒　　B. 药物

C. 吸烟　　D. 电磁辐射

16. 胚胎（　　）周是致畸敏感期

A. 3～5　　B. 5～8

C. 3～8　　D. 3～10

17.（　　）在产前期中占的时间最长

A. 胚芽期　　B. 受精卵期

C. 胚胎期　　D. 胎儿期

18. 人的神经系统分为周围神经系统和中枢神经系统两部分，中枢神经系统和周围神经系统在孕（　　）周开始形成

A. 3　　B. 4

C. 5　　D. 6

19. 胎儿初期神经系统的发育是快速进行的（　　）形成

A. 神经元　　B. 神经纤维

C. 神经褶　　D. 神经板

20. 到妊娠第（　　）周末，神经系统的大体结构已基本形成

A. 6　　B. 7

C. 8　　D. 9

21. 下列关于胎儿感觉的描述**错误的**是（　　）

A. 在4个月时就对光线十分敏感，对光线强弱都有所感觉

B. 听觉感受器在24周时就已经基本发育成熟

C. 孕32周时味觉感受性增强，能辨别苦和甜

D. 胎儿不能对不同味道的物质刺激产生反应

22. 胎儿不但有一定的听力，还有一定的记忆和领悟能力，胎儿意识的萌芽时期在（　　）

A. 16～20周　　B. 20～24周

C. 28～32周　　D. 36～40周

23. 胎儿生长受限是由多种因素引起的，在早孕期间，主要由（　　）导致胎儿生长发育受限

A. 先天遗传因素　　B. 宫内环境因素

C. 母亲的情绪　　D. 外部环境因素

24.（　　）可以诊断胎儿甲状腺功能减退

A. 胎儿在母亲体内剧烈的痉挛动作　　B. 胎儿出现巴宾斯基反射

C. 胎儿骨骼发育不良　　D. 胎儿心动过缓

25. 遗传因素引起的胎儿疾病多种多样，下列是多基因遗传病导致的是（　　）

A. 猫叫综合征　　B. 软骨发育不全

C. 精神分裂症　　D. 睾丸女性化综合征

26. 母亲的体重对胎儿正常发育有很大的影响，下列说法**错误的**是（　　）

A. 怀孕前发胖不会影响到婴儿的健康

B. 怀孕期间发胖会影响到婴儿的健康

C. 孕期发胖会增加孕妇患糖尿病和惊厥症的危险

D. 过瘦的孕妇可能会使胎儿严重缺钙

27. 下列关于高龄产妇说法**错误的**是( )

A. 年龄大于35岁的孕妇　　B. 早产可能性高

C. 容易发生妊娠期并发症　　D. 胎儿患唐氏综合征的概率低

28. 孕妇健康对胎儿的发育非常重要，母亲患( )对胎儿不会有太大影响

A. 风疹　　B. 糖尿病

C. 高血压　　D. 轻度感冒

29. 下列关于宫内感染说法**错误的**是( )

A. 并不是垂直感染

B. 病原体通过血液循环，经胎盘感染胎儿

C. 母亲阴道或子宫颈病原体逆行而上感染胎儿

D. 母亲生殖道病原体上行污染羊水

30. 由药物引起的胎儿损害或畸形一般都发生在妊娠期的( )

A. 头3个月　　B. 后三个月

C. 头5个月　　D. 后5个月

31. 孕妇怀孕早期应尽量避免( )

A. X光照射　　B. 电磁辐射

C. 噪音干扰　　D. 以上都正确

32. 下列**不属于**妊娠早期的是( )

A. 恶心呕吐　　B. 易激惹

C. 敏感　　D. 心态平稳

33. 孕妇在妊娠期应保持愉快心境，所以应该( )

A. 独立自信　　B. 思想放松

C. 多和家人谈心　　D. 以上都正确

34. 音乐胎教法是直接胎教法的一种，它主要是以音波刺激胎儿听觉器官的神经功能，来达到激发大脑的( )迅速发育

A. 左脑突触　　B. 右脑突触

C. 小脑　　D. 胼胝体

35. 现代医学证实，胎儿确有接受教育的潜能，主要是通过( )来实现的

A. 自主神经系统和运动器官　　B. 周围神经系统和感觉器官

C. 中枢神经系统和感觉器官　　D. 植物神经系统和运动器官

(二)多项选择题

1. 遗传因素引起的疾病包括( )

A. 单基因遗传病　　B. 多基因遗传病

C. 染色体病　　D. 免疫力遗传病

2. 染色体异常分为( )

A. 染色体数目异常　　B. 染色体形状异常

C. 染色体性能异常　　D. 染色体结构异常

3. 心理学大师斯滕伯格将出生前发育划分为( )

A. 胚芽期　　B. 胚胎期

C. 受精卵期　　D. 胎儿期

4. 在胚胎期增殖细胞发生分化，形成三层细胞，包括（　　）

A. 外胚层　　B. 中胚层

C. 内胚层　　D. 皮肤层

5. 胚胎期增殖的细胞群发生分化，形成三层细胞，其中外层形成（　　）

A. 腺体　　B. 皮肤

C. 中枢神经　　D. 肌肉

6. 对胎儿期的说法正确的是（　　）

A. 是产前期中占的时间最长的时期

B. 第 4 个月时就可进行胎教

C. 这个时期会出现胎动和反射活动

D. 第 9 个月出生的早产儿经过精心照料成活率可达 90% 以上

7. 下列关于胎动的类型，说法正确的是（　　）

A. 缓慢地蠕动或扭动　　B. 振动和躲避

C. 剧烈的踢脚或冲撞　　D. 剧烈的痉挛动作

8. 下列属于胎儿出现的条件反射的是（　　）

A. 吸吮反射　　B. 持握反射

C. 防御性反射　　D. 巴宾斯基反射

9. 胎儿期的胎儿动作主要表现为（　　）

A. 胎动　　B. 反射活动

C. 心脏跳动　　D. 呼吸

10. 胎儿生长受限（　　）

A. 远期影响儿童期和青春期的体能

B. 影响胎儿的发育

C. 发生心血管系统疾病的几率大于正常者

D. 指足月胎儿低于平均胎儿体重的两个标准差

11. 影响胎儿正常发展的因素（　　）

A. 孕妇的文化程度　　B. 孕妇的情绪状况

C. 孕妇的年龄大小　　D. 孕妇的营养状况

12. 下列属于影响胎儿发育的宫内环境因素有（　　）

A. 废气　　B. 装修材料

C. 药物　　D. 母亲营养不良

13. 孕妇的健康对胎儿的发育非常重要，孕妇患（　　）会影响胎儿的发育

A. 风疹　　B. 重感冒

C. 糖尿病　　D. 高血压

14. 孕妇妊娠中期的表现（　　）

A. 心理状态平衡　　B. 充满焦虑

C. 对未来充满希望　　D. 易激惹

15. 心理学家对胎儿听觉环境进行了深入研究和分析（　　）

A. 外界声音到达胎儿听觉器官时已明显减弱

B. 孕 28 周后胎儿对外界声音刺激较敏感

C. 胎儿生活在液体环境里，而我们对声音在这种环境的传播机制已完全掌握
D. 到达胎内的声音不会受到体内噪音的干扰

16. 胎儿甲状腺功能减退对胎儿的**不利影响**有（　　）
A. 智力减退　　B. 精神运动能力障碍
C. 骨骼发育不良　　D. 严重时引起克汀病

17. 根据是否直接对胎儿施加影响，胎教分为（　　）
A. 直接胎教法　　B. 运动胎教法
C. 间接胎教法　　D. 综合胎教法

18. 直接胎教法的主要形式有（　　）
A. 音乐胎教法　　B. 美育胎教法
C. 语言胎教法　　D. 抚摩胎教法

（三）名词解释

1. 胎儿生长受限
2. 致畸敏感期
3. 胎动
4. 宫内感染
5. 直接胎教法
6. 间接胎教法

（四）简答题

1. 胎儿宫内发育是怎样分期的？
2. 孕妇在孕期感冒对胎儿有什么影响？
3. 孕妇在孕期吸烟对胎儿有什么影响？
4. 妊娠期的心理特点？
5. 简述胎教的方法。
6. 请你运用所学知识为实施胎教提几点建议。

（五）论述题

1. 影响胎儿身心发展的因素有哪些？
2. 胎儿的心理功能有怎样的发展？
3. 胎教的方法有哪些？怎样正确对待胎教？

六、参考答案

（一）单项选择题

1. B　2. C　3. B　4. C　5. D　6. B　7. C　8. C　9. A　10. D
11. B　12. C　13. C　14. D　15. D　16. C　17. D　18. A　19. B　20. C
21. D　22. C　23. A　24. D　25. C　26. A　27. D　28. D　29. A　30. A
31. D　32. D　33. D　34. B　35. C

（二）多项选择题

1. ABC　2. AD　3. ABD　4. ABC　5. BC　6. ABCD　7. ACD
8. ABCD　9. AB　10. ABCD　11. BCD　12. CD　13. ABCD　14. AC
15. AB　16. ABCD　17. ACD　18. ACD

（三）名词解释

1. 胎儿生长受限：原称胎儿宫内发育迟缓，指胎儿在宫内未达到其遗传的生长潜能，即胎儿小于正常。

2. 致畸敏感期：指对致畸作用最敏感的胚胎发育阶段，即器官形成期。

3. 胎动：指胎儿在母亲体内自发的身体活动或蠕动。

4. 宫内感染：是指孕妇受病原体感染后所引起的胎儿感染。

5. 直接胎教法：是直接对胎儿产生影响的胎教方法。

6. 间接胎教法：是通过对孕妇施加影响从而间接地对胎儿进行胎教的方法。

（四）简答题

1. 胎儿宫内发育是怎样分期的？

人类个体出生前发育划分为胚芽期、胚胎期和胎儿期三个阶段：

（1）胚芽期，受精卵细胞迅速分裂。

（2）胚胎期，是生命开始非常重要的时期，人体各器官系统基本是在这个时期形成，组织器官分化快、变化大，是胎儿发育的最敏感时期，30% 可能都在此阶段流产。

（3）胎儿期，是产前期最长的一段时间，这一时期会出现胎动和反射活动。

2. 孕妇在孕期感冒对胎儿有什么影响？

一般的感冒，症状较轻，如流清涕，打喷嚏，对胎儿影响不大，也不必服药，休息几天就会好的。但在妊娠早期（5～14 周），主要是胎儿胚胎发育器官形成的时间，若患流行性感冒，且症状较重，则对胎儿影响较大，此间服药对胎儿也有较大风险。已知与人类有关的流感病毒有 300 多种，目前已知其中有 13 种病毒在感染母体后可影响到胎儿的生长发育，出现低能、弱智、各种畸形、早产、流产，甚至死胎。

3. 孕妇在孕期吸烟对胎儿有什么影响？

（1）自然流产率增高：吸烟妇女容易发生自然流产，其发生几率的高低与吸烟多寡有直接关系；

（2）胎儿死亡率增加：怀孕期间吸烟的孕妇发生围生期死亡的几率是不吸烟孕妇的四倍，发生死亡率的高低也与吸烟多寡有直接关系；

（3）产低体重儿；怀孕期间吸烟孕妇所生的婴儿体重，平均低于正常婴儿体重约 150～250 千克；

（4）婴儿畸形的发生：吸烟孕妇发生胎儿畸形的几率是不吸烟孕妇的二倍，其中是以唇腭裂 . 心脏血管或泌尿系统异常为主。

4. 妊娠期的心理特点？

（1）妊娠早期：接受妊娠，有一系列的妊娠反应（恶心呕吐·嗜睡懒怠·疲乏冷漠等），性欲减低，情绪焦虑，希望得到家人的关心和照顾。

（2）妊娠中期：心理状态比较平稳心境良好，会主动关心别人，对未来充满希望。

（3）妊娠晚期：在充满希望的同时，仍有忧虑和恐惧。会感到呼吸困难 . 尿频等。

5. 简述胎教的方法。

（1）直接胎教法：音乐胎教法、光照胎教法、语言胎教法、抚摸或按摩胎教法。

（2）间接胎教法：运动胎教法、饮食胎教法、情绪胎教法、美育胎教法。

（3）综合胎教法："斯赛迪克"胎教法。

6. 请你运用所学知识为实施胎教提几点建议。

(1) 科学的态度、正确的目的；

(2) 必要的知识、冷静的头脑；

(3) 适宜的程度、可靠的方法。

(五) 论述题

1. 影响胎儿身心发展的因素有哪些？

答题要点：

(1) 先天遗传因素（单个基因缺陷、染色体缺陷、多个基因缺陷等）

(2) 母亲的自身条件（身高、体重、年龄、孕史等）

(3) 母亲的疾病（风疹、感冒、高血压、糖尿病等）

(4) 母亲的情绪状态（情绪不良等）

(5) 宫内环境因素（母亲营养不良、宫内感染、药物、吸烟等）

(6) 外部环境因素（X 光照射、噪音、电磁辐射等）

2. 胎儿的心理功能有怎样的发展？

答题要点：

(1) 感觉的形成：视觉（在 4 个月时对光线十分敏感），听觉（听觉感受器在 6 个月就已基本发育成熟），触压觉，嗅觉（辨别苦与甜），味觉（可对不同物质刺激产生反应）。

(2) 思维和记忆的形成：大脑在 20 周左右形成，32 周，是胎儿意识萌芽时期，实验证明，胎儿不仅有听力，还有一定的记忆和领悟能力。

3. 胎教的方法有哪些？怎样正确对待胎教？

答题要点：

(1) 胎教的方法

①直接胎教法：音乐胎教法、光照胎教法、语言胎教法、抚摸或按摩胎教法。

②间接胎教法：运动胎教法、饮食胎教法、情绪胎教法、美育胎教。

③综合胎教法："斯赛迪克"胎教法。

(2) 对待胎教正确的态度

①科学的态度、正确的目的；

②必要的知识、冷静的头脑；

③适宜的程度、可靠的方法。

(华北理工大学　杨美荣)

第四章　婴儿期身心发展规律与特点

一、学习要求

1. **掌握**　婴儿动作发展及其意义；言语获得理论及婴儿言语发展规律；婴儿认知、情绪、个性和社会性发展规律。

2. **熟悉**　婴儿认知、言语、情绪、个性和社会性发展特点，婴儿心理研究的基本范式。

3. **了解**　婴儿的大脑功能和生理发展过程，婴儿期心理问题与干预方法。

二、重点难点

1. **重点**　婴儿动作发展及其意义；言语获得理论及婴儿言语发展；婴儿的依恋；婴儿认知发展；婴儿社会性发展。

2. **难点**　婴儿的神经生理发育；婴儿动作发展及其意义，婴儿的依恋。

三、内容精要

婴儿期，一般是指个体 0 到 3 岁的时期，是个体生理发育和心理发展最迅速的时期，其发展水平和质量对个体毕生都有重要而长远的影响。本章主要讲述婴儿的生理、动作、认知、言语、感情、人格与社会性的发展规律与特点及常见心理问题。

婴儿的大脑和身体发育迅速。脑的发育主要表现在树突生长、轴突分叉、突触联结增加或重组、髓鞘化，婴儿的脑具有很强的可塑性与可修复性。婴儿身体各部分生长遵循头尾原则和近远原则。初生时婴儿只有一些无条件反射，随后逐渐发展出有目的的复杂动作；婴儿动作发展遵循整分原则、首尾原则、大小原则；动作对个体生存和发展具有重要意义，通过对婴儿手眼协调能力和身体运动能力的训练可以促进婴儿动作发展。

婴儿期是儿童认知发展，尤其是感知觉发展的关键时期。研究婴儿认知发展的方法主要有偏好法、习惯化—去习惯化、条件反射、视崖、皮亚杰研究法等。感知觉是婴儿最先发展且发展速度最快的认知能力，新生儿即具有一定的感知能力，婴儿的方位知觉、深度知觉、物体知觉逐步发展。新生儿就有无意注意，有意注意逐渐出现。记忆发生于胎儿末期，1 岁以内婴儿的记忆初步发展，延迟模仿能力的出现是 1～3 岁儿童记忆能力走向成熟的标志。婴儿已具有一定分类能力和问题解决能力，表现出直观行动思维。

婴儿期是儿童口头语言发生和发展的时期：1 岁前是言语发展的准备时期，1～1.5 岁言语理解有较大发展，1.5～3 岁是儿童积极的言语活动时期。解释婴儿言语获得的途径和内在机制的理论主要有：强化和模仿理论、转换生成理论、相互作用理论。

新生儿有初步分化的情绪反应，主要表现为笑、哭、恐惧等。婴儿情绪的社会性逐渐增加，同时，婴儿能识别和理解成人的表情。

新生儿没有自我意识，2～3 岁时婴儿掌握代词“我”，这是儿童自我意识萌芽的最重要标志。“点红实验”是研究婴儿自我意识发展的经典方法。气质是婴儿出生后最早表现出来的稳定的个人特征，婴儿气质类型可划分为容易型、困难型和缓慢型三种，不同气质类型的婴儿对早期教养的适应性和要求不同。依恋是指婴儿与抚养者之间所建立的亲密的、持久的情绪联结，约在 6～8 个月形成。婴儿依恋类型可划分为安全型、回避型和反抗型，婴儿依恋类型与母亲的教养方式及婴儿本身的气质特点等因素有关。婴儿主要的人际关系是亲子关系，但同伴交往已开始发展。

孤独症和感觉统合障碍是婴儿期的主要心理障碍，目前发病机制不明，也没有药物能治疗，只能通过行为训练和心理治疗进行干预。

四、阅读拓展

1. [美]William Damon，Richard M. Lerner 主编，林崇德，李其维、董奇主持翻译：儿童心理学手册（第 2 卷）第六版[M]. 上海：华东师范大学出版社，2009.

儿童心理学手册是儿童心理学领域比较权威的工具书，在全世界享有盛誉，其中囊括了儿童心理学领域诸多重要的研究。本套书第 2 卷阐述了认知发展的神经基础、婴儿期的知觉和动作发展以及认知与交往等内容，反映了该领域最近发生的变化以及经典研究。第二章是关于“婴儿的听觉世界：听力、言语和语言的开始”的内容，第三章是关于“婴儿视知觉”的内容，第四章是关于“动作发展”的内容，第五章是关于“婴儿认知”的内容，对学习婴儿心理发展的年龄特征很有参考价值。

2. 古羽 . 儿童青少年心理学丛书：婴儿心理学 . 杭州：浙江教育出版社，2016.

该书从生理发育、动作与认知及情绪与社会性三个方面阐述了婴儿的身心发展；同时系统阐述了影响婴儿发展的家庭、社会环境因素。其体现了以下特点：其一，充分展示本领域理论的多样性及不同理论从各自的角度对多姿多彩的婴儿发展过程的解释。其二，婴儿研究技术和方法的改进决定了婴儿研究的深度。该书补充了大量新近研究，这些研究已经发现婴儿在许多方面比我们过去认为的更有能力。

3. 董奇，淘沙 . 动作与心理发展 . 北京：北京师范大学出版社，2002.

婴儿期是动作发展的关键时期，动作不仅是个体生存与发展所必需的重要基本能力，而且对个体的大脑、认知、学习、情绪和社会行为等发展具有重要影响。《动作与心理发展》是国内第一部研究动作与心理发展关系的著作，主要从发展心理学、教育心理学、神经科学、运动生理学和体育教育等多学科整合的视野出发，详细讨论了动作的实质，阐述了个体动作发展的基本规律，分析了影响动作发展的主要因素，探究了动作学习的过程，揭示了个体动作与其认知发展、社会性发展等的关系，并进一步澄清了生活中的动作教育与体育的区别和联系，同时重点介绍了促进个体发展的动作教育方案以及动作障碍的诊断与矫正的方法。

4. 唐敏，李国祥 .0～3 岁婴幼儿动作发展与教育 . 上海：复旦大学出版社，2011.

该书共有六章，包括 0～3 岁婴幼儿动作发展的概念及动作发展的意义；0～3 岁婴幼儿生长发育的基本规律及其影响因素，婴幼儿粗大动作发展及精细动作发展的规律等。另外从婴幼儿几个主要的粗大动作和精细动作方面分别阐述了其指导和训练的方法，并提供相应的活动案例来帮助分析理解。同时针对 0～3 岁婴幼儿动作发育迟缓及障碍，分析阐述其诊断与训练的方法。最后一章是婴幼儿动作发展的观察和评价的指标和方法。为便于学习者学习以及教师教学使用，还编入了学习要点、案例、小资料、每章小结及课后思考题等内容。

5. 孟昭兰 . 婴儿心理学 . 北京：北京大学出版社，2003.

该书由三部分组成。前四章为理论篇，介绍了研究婴儿心理发展的必要性和紧迫性，婴儿心理发展的理论，影响婴儿心理发展的遗传与生理因素、自然环境和社会环境。第五章至第十一章为发展篇，从生理到心理，从认识到语言、智能，从情感到社会行为，对婴儿的心理发展作了系统的介绍。第十二章至第十四章为教育篇，介绍婴儿的早期教育，父母心理和幼师心理，为教育实践提供一个宏观的指导。

经典实验

1. 风铃——踢腿实验 美国新泽西州立大学心理学系教授卡罗琳·罗维 - 科利尔(Carolyn Rovee-Collier，1997)和同事们设计了一个经典实验，以了解婴儿的学习和记忆情况。

实验者 2～3 个月大的婴儿被放在一个摇篮里，摇篮上方放置一个色彩鲜艳的旋转风铃。研究者首先记录风铃没有连到脚上时婴儿踢脚次数的基础水平，然后把他们的脚和旋转风铃用皮筋连起来。接下来的几分钟，研究者发现婴儿就可以掌握踢脚和风铃转动之间的关联，系着皮筋的腿明显地比另一条腿动的多。

那么，他们在几天或一个星期之后，还能想起来怎么让这个风铃动起来吗？要完成这个记忆实验，婴儿不但需要再认风铃，还要回忆起这个风铃能动，而且是自己踢腿让它动起来的。

把婴儿重新放回摇篮，看他们是不是一看到这个风铃，就会踢腿。实验表明，2 个月的婴儿，3 天之后回来依然记得怎么让这个风铃动起来；而 3 个月的婴儿，过了一个多星期，仍然记得。

那么，婴儿为什么看起来会最终忘了怎么让玩具动起来呢？这并不是他们之前学习到的被遗忘了，卡罗琳·罗维 - 科利尔(1997)的实验发现，在第一次训练结束之后的 2～4 个星期，当婴儿被带回实验室，让他们看玩具动起来了，这似乎“提醒了”他们，他们看了一会儿，一旦脚踝被绑上皮筋，他们就飞快的踢起腿来。而另一组婴儿，没有“提醒”他们，结果他们就没有踢腿的行动。这表明，小至 2～3 个月的小婴儿，都会比较长时间的保留住学到的信息。但是，他们似乎不会主动提取(retrieve)记忆里的信息，除非他们被很明确地提示。

由此推论，早期的记忆，有很强的情景依赖性，如果一个婴儿回到实验室，没有重现第一次的情景，他们就几乎无法提取最初学到的反应。这说明，婴儿最早的记忆是非常脆弱的。

2. 婴儿自我发展研究 众所周知，研究婴儿自我认知的方法是镜像技术。最早可追溯到提德曼(1787)、达尔文(1877)、普莱尔(1893)对自己的孩子的镜像观察，他们在镜子前呼叫孩子的名字，看他们对镜像的反应。其实，在此之前，达尔文曾把镜子带到动物园，摆在一只红毛猩猩的笼子里。第一次照镜子的红毛猩猩们发现镜子背面并没有什么别的猩猩藏着后，坐到镜子前龇牙咧嘴起来(图 4-1)。达尔文也没有对这个发现做出明确的判断，毕竟对着镜子做鬼脸，既可以解释为猩猩们在与另一只猩猩交流，同时也可以认为是自己在做游戏。

20 世纪 70 年代，美国纽约州立大学的心理学家高尔顿·盖洛普二世(Gordon Gallup Jr.)重新拾起了达尔文的游戏。他将 4 只小黑猩猩各放在一个笼子里，在每个笼子前各放了一面大镜子，试验期为 10 天。一开始，它们做出的反应就像对一个陌生者的反应一样：跳跃、

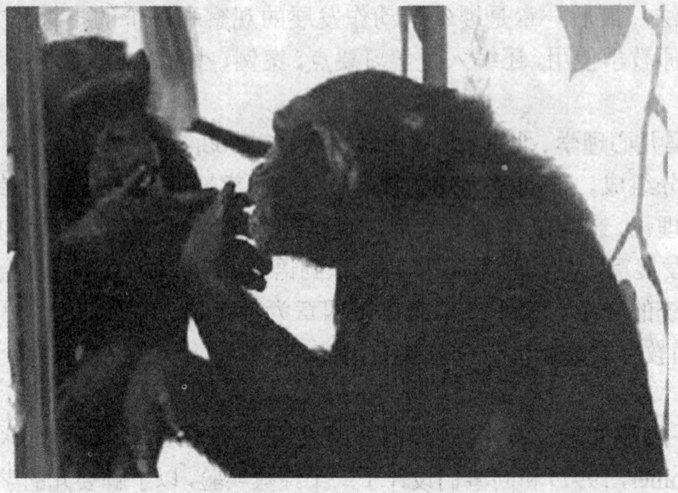

图 4-1 镜子测试

发出各种声音、威胁或者做出归顺屈服的姿势。第三天，在镜子面前，黑猩猩们开始检查自己口腔的内部、梳理额头上的毛发、抠鼻孔——充分利用镜子来看平时看不到的地方。它们做出各种怪相、吹出气泡、用嘴唇摆弄食品。对于盖洛普来说，这些黑猩猩很显然知道自己在照镜子。

后来盖洛普改进了实验。他在黑猩猩 Pan troglodytes 的笼子里放了一面镜子，当黑猩猩已经适应了家里的这个新摆设后，盖洛普麻醉了它，趁黑猩猩昏迷的时候用唇膏在它的眉毛和耳朵上做了记号。当黑猩猩醒来，偶尔向镜子里那个自己瞥了一眼后，有趣的事情发生了，被涂了花脸的它停了下来，用手去摸自己变了颜色的眉毛和耳朵。这显然说明黑猩猩明白镜子里的那个家伙，就是自己。

后来很多研究结果表明，所有的大型人猿——人类、红毛猩猩、黑猩猩、倭黑猩猩、大猩猩都成功通过了镜子测试，同样被我们认为十分聪明的宽吻海豚、虎鲸以及大象都顺利过关。

1972 年美国心理学家阿姆斯特丹（B.Amsterdam，1972）在研究方法上巧妙地借用了盖洛普研究黑猩猩自我再认的“红点子”方法，使婴儿自我意识的研究取得了突破性的进展。

阿姆斯特丹研究了 88 名 3～24 个月大小的婴儿，在婴儿毫无觉察的状态下在其鼻尖上涂上一个红点。阿姆斯特丹认为，如果婴儿表现出意识到自己鼻尖上红点的自我指向行为，那就表明婴儿具有了自我认知的能力。因为如果婴儿特别注意自己鼻尖上的红点或者能够找到自己鼻尖上的红点，就说明婴儿已经对自己的面部特征有了清楚的认识，同时也说明婴儿已经有了把自己当作客体来认识的能力。研究发现，13～24 个月的婴儿开始对镜像表现出一种小心翼翼的行为，20～24 个月的婴儿显示出比较稳定的对自我特征的认识，他们对着镜子触摸自己的鼻子和观看自己的身体。阿姆斯特丹认为，这是婴儿出现了有意识的自我认知的标志。

美国心理学家刘易斯（Lewis，1979）和布鲁克斯 - 冈恩（Brooks-Gunn，1979）认为，婴儿镜像自我研究至少包括两种自我再认线索，一是相倚性线索，即镜像的行为动作与婴儿的行为动作保持一致，婴儿据此进行自我再认其实是对主体我的认知；另一种是特征线索，即镜像与婴儿的身体特征一致，婴儿据此进行自我再认是对客体我的认知。因此，刘易斯和布鲁克斯 - 冈恩（ Lewis&Brooks-Gunn，1979）进行了一系列的研究，该研究由三个实验构成：镜像实验、录像实验和相片实验。研究对象为 9～24 个月的婴儿。在镜像实验中，所有的婴儿都在鼻子被涂上红点后表现出更多的自我指向行为，但直到15个月才会直接指向鼻子，说明15个月是婴儿客体我发展的一个转折点。在录像实验中，刘易斯提供了三种录像：婴儿的现场形象、婴儿一周前的形象和另一个婴儿的形象。结果发现，9个月婴儿能区分出现场形象和其他形象，直到15个月婴儿才能区分一周前的形象和另一个形象。由于婴儿一周前的形象和另一个婴儿的形象与当时婴儿的动作没有一致性，他们对这些录像进行区分的依据只能是特征线索。该结果也得到了相片实验的验证。刘易斯巧妙的研究设计，为婴儿自我认知发展提供了比较完善的证据。

美国心理学家哈特（Susan Harter，1983）总结了大量的相关研究，提出了一个婴儿主体我与客体我的发展体系。她把婴儿自我认知的发生分为五个阶段，前三段为主体我的发展，后二段为客体我的发展。

3. **纽约纵向研究** 有关儿童气质的研究，最早可追溯到开始于1956年的托马斯（Alexander Thomas）和切斯（Stella Chess）两人领导的纽约纵向研究（New York Longitudinal Study，简称NYLS）。该研究被认为是人格类型和气质特征的经典研究。他们提出儿童气质包括九个维度，即：活动水平、节律性、趋避性、适应能力、反应阈限、反应强度、心境、注意分散度、注意的广度和持久性。活动水平（Activity Level）指婴儿在睡眠、饮食、穿衣、游戏等过程中身体活动的数量。节律性（Rhythm city）指婴儿在吃、喝、睡、大小便等生理活动方面是否有一定的规律。接近或回避（Approach-Withdrawal）指婴儿面对新情景、新的刺激及陌生人时，是主动接近还是表现为退缩。适应性（Adapt ability）指婴儿对新环境、新刺激的适应能力，能否适应及适应的快慢程度如何。反应阈限（Threshold of Response），比如婴儿期的宝宝对声音的反应是否迅速，大一些的宝宝对自己喜欢和不喜欢的食物混在一起是否在乎等。反应的强度（Intensity of Response），比如宝宝感到饥饿时，是放声大哭还是低声抽泣。心境（Mood）指积极、愉快情绪与消极、不愉快的情绪相比较的量。注意分散程度（Distractively），比如玩耍时，用其他物品去吸引他，他是否容易分心。注意的广度和坚持性（Attention Span and Persistent），如婴儿对自己喜欢的玩具是否能玩很长时间，玩智力玩具能否坚持到最后独立完成。研究者在分析这些数据、试图寻找着9个维度的相关性时，发现它们某些维度是聚类在一起的，这些聚类指向了3种气质类型，即容易型（easy children）、困难型（difficult children）和缓慢型（slow to warm up）。

对这9个气质维度的测评可用来评价每个婴儿的气质，甚至2～3个月的婴儿。1977年，NYLS小组设计了家长评定的3～7岁儿童气质量表（Parent Temperament Questionnaire，简称PTQ）。该量表为其他儿童气质的测查量表的发展奠定了基础，目前仍是测查3～7岁儿童气质的常用工具。后来研究者发现，这9个维度可用来评价各种各样的群体，如富有或贫穷的群体，具有新近移民背景的人，智力低下的儿童，早产儿童，先天性风疹儿童。经过多年的研究，现陆续发展出1～4个月，4个月～1岁，1～3岁，3～7岁，8～12岁共五套儿童气质问卷。

4. **哈洛的婴猴实验** 哈利·哈洛（Harry F. Harlow 1905—1981），美国比较心理学家，早期研究灵长类动物的问题解决和辨别反应学习，其后用学习定势的训练方法比较灵长类和其他动物的智力水平。曾荣获国家科学奖，1951年当选为国家科学院院士，1958年当选为美国心理学会主席，1960年获美国心理学会颁发的杰出科学贡献奖。

1930年，哈洛将刚出生的小猴子和猴妈妈及同类隔离开，结果他发现小猴子对盖在笼子地板上的绒布产生了极大的依恋。它们躺在上面，用自己的小爪子紧紧地抓着绒布，如果把绒布拿走的话，它们就会发脾气，这就像人类的婴儿喜欢破毯子和填充熊玩具。小猴子为什么喜欢这些毛巾呢？依恋一直被认为是对于获得营养物质的一种回报：我们爱我们的母亲是因为我们爱她们的奶水。但哈洛开始对此提出了质疑。当他把奶瓶从小猴子的嘴边拿走的时候，猴宝宝只是吧唧吧唧嘴唇，或者用爪子擦去它们毛茸茸的下巴上滴落的奶水。但当哈洛把毛巾拿走的时候，猴宝宝就开始尖叫，在笼子里滚来滚去。哈洛对此产生了极其强烈的兴趣。

哈洛用铁丝做了一个代母，它胸前有一个可以提供奶水的装置；然后，哈洛又用绒布做了一个代母。他写道："一个是柔软、温暖的母亲，一个是有着无限耐心、可以24小时提供奶水的母亲……"一开始，哈洛把一群恒河猴宝宝和两个代母关在笼子里，很快，令人惊讶的事情发生了。在几天之内，猴宝宝把对猴妈妈的依恋转向了用绒布做成的那个代母。由于绒布代母不能提供奶水，所以猴宝宝只在饥饿的时候，才到铁丝代母那里喝几口奶水，然后又跑回来紧紧抱住绒布代母。

这是一个意义极其重大的发现。从20世纪30年代直至50年代，一些著名的儿科专家，比如美国育儿专家本杰明·斯帕克（Benjamin Spock，1946），建议应该根据时间喂奶。另一个美国知名哺育专家约翰·沃森（John Watson，1929）写道："不要溺爱宝宝，不要在睡觉前亲吻他们，正确的做法是，弯下腰握握他们的手，然后关灯离开"。但哈洛认为，千万不要跟宝宝握手，而应该毫不犹豫地拥抱他。哈洛和他的同事证明了："接触所带来的安慰感"是爱最重要的元素。

哈洛猜测，脸是爱的另外一个变数。他命令他的助手做一个逼真的猴面具，看看会产生什么样的后果。但是，面具在完工之前，猴宝宝就已经诞生了，所以哈洛把猴宝宝与一个脸部没有任何特征的绒布代母关在一起。猴宝宝爱上了无脸代母，吻它，轻轻地咬它。但当逼真的猴面具做好之后，小猴子一看见这张脸就吓得连声惊叫，并躲到笼子的一角，全身哆嗦。

铁娘子（Iron Maiden）是哈洛设计的一种特殊的代母，她会向小猴子发射锋利的铁钉，并且向它们吹出强力冷气，把猴宝宝吹得只能紧贴笼子的栏杆，并且不停尖叫。哈洛声称，这是一个邪恶的母亲，他想看看这会导致什么结果。无论是什么样的邪恶母亲，哈洛发现猴宝宝都不会离它们而去，反而更加紧紧地抱住它们。

哈洛从这个"代母养育实验"中观察到了一些问题：那些由"绒布母猴"抚养大的猴子不能和其他猴子一起玩耍，性格极其孤僻，甚至性成熟后不能进行交配。于是，哈洛对实验进行了改进，为婴猴制作了一个可以摇摆的"绒布母猴"，并保证它每天都会有一个半小时的时间和真正的猴子在一起玩耍。改进后的实验表明，这样哺育大的猴子基本上正常了。

许多人都认为哈洛的实验对于那些实验对象来说太过残忍，尤其"铁娘子"实验，使得哈洛的名声更糟了。但他的实验提供了一些非常有价值结论：我们的需求远不止饥饿，我们不惜任何代价与他人建立连接关系，我们所见到的第一张脸在我们心中是最可爱的脸。哈洛的发现对当代的育儿理论产生了极大的影响。许多孤儿院、社会服务机构、爱婴产业都或多或少地依据哈洛的发现调整了自己的关键政策。医生现在知道将新生婴儿要直接放在母亲的肚子上；孤儿院的工作人员知道仅仅向婴儿提供奶瓶是不够的，还必须抱着弃婴来回摇动，并且要对其微笑。当然，更要感谢哈洛，正是他的实验使我们开始重视动物权益的保护。几年前，动物解放前线组织（Animal Liberation Front）在威斯康辛大学的猿类研究中心举行了一场示威游行，以悼念数千只在实验中死亡的猴子。

五、巩固习题与答案

（一）填空题

1. 婴儿大脑结构发育主要表现在神经元分化生长、__________和髓鞘化逐渐完成等三个方面。

2. 看起来似乎是完全对称的大脑两半球，实际上在大小和重量上，尤其在功能上是有差异的。这种大脑两半球功能不对称性被称为__________。

3. __________是指人在视觉配合下手的精细动作的协调性。

4. __________是婴儿最先发展且发展速度最快的认知能力，在婴儿的认知活动中一直占主导地位。

5. 美国心理学家尹伊扎德（C.E.LIizard）认为新生儿有5种情绪反应，即__________、__________、__________、初步的微笑和兴趣。

6. 婴儿的哭是痛苦的表现，其发展有一个过程，可以分为__________、__________、__________等阶段。

7. 儿童在2～3岁的时候，学会代名词“我”，标志着儿童__________的萌芽。

8. 美国精神分析学家鲍尔贝根据自己的研究，提出了依恋形成和发展的阶段模式，依恋关系明确期是______个月至______个月。

9. 最广泛使用的评价依恋类型的方法为美国心理学家艾恩斯沃斯首次提出的技术__________。

10. 目前关于孤独症的病因假说主要有三种，即心理病因说、生物病因说和__________。

（二）单项选择题

1. 婴儿期指的是个体（ ）

A. 0～4岁　　B. 0～2岁
C. 0～5岁　　D. 0～3岁

2. 婴儿出生时脑重量约为（ ）

A. 200～250克　　B. 350～400克
C. 450～500克　　D. 550～600克

3. 脑电的（ ）波常作为婴儿脑成熟的标志

A. δ　　B. θ
C. α　　D. β

4. 婴儿独立行走一般在（ ）

A. 6个月　　B. 10个月
C. 1周岁　　D. 1.5岁

5. 人的视觉发生于（ ）

A. 胚胎期　　B. 胎儿期
C. 出生后数小时　　D. 出生后数天

6. 新生儿的视敏度较差。要使新生儿看清楚物品，物品距离新生儿眼睛约多远（ ）

A. 10厘米　　B. 20厘米
C. 50厘米　　D. 100厘米

7. 婴儿方位知觉的辨别，较早准确辨别的是（　　）
A. 上下方位　B. 前后方位
C. 左右方位　D. 高低

8. 吉布森和沃克发明的，用来研究婴儿深度知觉的装置是（　　）
A. 视觉逼近　B. 视觉深度
C. 视觉悬空　D. 视觉悬崖

9. 婴儿一生下来就有注意，这种注意实质是先天的（　　）
A. 吮吸反射　B. 巴宾斯基反射
C. 定向反射　D. 无条件反射

10. 前言语阶段是言语发展的准备时期，是指（　　）
A. 0～1个月　B. 0～6个月
C. 0～12个月　D. 0～18个月

11. 乔姆斯基提出的一种语言理论是（　　）
A. 语言强化说　B. 语言获得说
C. 转换生成说　D. 选择模仿说

12. 婴儿对抚养者的依恋出现于（　　）
A. 6～8个月　B. 9～10个月
C. 11～12个月　D. 13～15个月

13. 孤独症，又称自闭症，是1943年美国的哪位精神病学家提出的（　　）
A. 斯金纳　B. 鲁特
C. 爱尔丝　D. 肯纳

14. 感觉统合这一概念最早是由美国的哪位学者提出的（　　）
A. 爱尔丝　B. 斯金纳
C. 肯纳　D. 鲁特

15. 感觉统合失调最有效的治疗方法是（　　）
A. 感觉统合训练　B. 心理治疗
C. 感觉统合训练，并配合心理治疗　D. 无有效治疗方法

（三）多项选择题

1. 婴儿身体发育遵循的两个原则为（　　）
A. 头尾原则　B. 大小原则　C. 上下原则
D. 内外原则　E. 近远原则

2. 婴儿动作发展有两方面内容，分别为（　　）
A. 抬头　B. 爬行　C. 手的动作运用
D. 独立行走　E. 跑跳

3. 托马斯 - 切斯将婴儿的气质类型划分为哪几个类型（　　）
A. 容易型　B. 困难型　C. 放松型
D. 缓慢型　E. 抑郁型

4. 艾斯沃斯将婴儿依恋分为哪几个类型（　　）
A. 安全型　B. 依赖型　C. 反抗型
D. 回避型　E. 活泼型

5. 孤独症儿童的缺陷，也叫温氏三缺陷，是指哪些缺陷（　　）

A. 认知缺陷　　B. 社会性缺陷　　C. 言语障碍

D. 行为障碍　　E. 躯体障碍

（四）名词解释

1. 视崖
2. 习惯化
3. AB 错误
4. 语言获得装置（LAD）
5. 陌生人焦虑
6. 依恋
7. 陌生情景技术
8. 感觉统合
9. 儿童感觉统合失调

（五）简答题

1. 婴儿动作发展对心理发展有什么重要意义？
2. 简答言语发生的乔姆斯基转换生成理论。
3. 婴儿识别和理解他人表情的发展分为哪几个阶段？
4. 简述托马斯 - 切斯的气质三类型说。
5. 什么是依恋？婴儿依恋发展过程可划分为哪几个阶段？
6. 艾恩斯沃斯把婴儿的依恋分为哪几种类型？
7. 婴儿依恋对儿童心理发展有哪些影响？
8. 婴儿早期同伴交往划分为哪几个阶段？
9. 孤独症儿童的临床表现有哪些？

（六）论述题

1. 试述托马斯 - 切斯的气质三类型说对婴儿早期教养的意义。
2. 试述婴儿依恋类型及影响因素。

六、参考答案

（一）填空题

1. 突触联结增加
2. 单侧化
3. 手眼协调
4. 感知觉
5. 惊奇、伤心、厌恶
6. 生理性的哭、心理性的哭、社会性的哭
7. 自我意识
8. 6～8、18
9. 陌生情境
10. 认知缺陷说

（二）单项选择题

1. D　2. B　3. C　4. C　5. B　6. B　7. A　8. D　9. C　10. C

11. C　12. A　13. D　14. A　15. C

（三）多项选择题

1. AE　2. CD　3. ABD　4. ACD　5. BCD

（四）名词解释

1. 视崖：1960 年吉布森和沃克发明的，用于探索婴儿深度知觉的发展的一种装置。在平台上放一块厚玻璃板，平台在中间分为两半，一半的上面铺着红白相间的格子图形，视为“浅侧”；另一半的格子图形置于玻璃板下约 150cm 处，视为“深侧”。

2. 习惯化：是一种由于重复或不断受到某种能导致个体选择性定向反应的刺激，而引起个体对该刺激反应的减少的现象。这种对重复刺激的定位反应慢慢削弱，甚至消失的现象，就叫做习惯化。

3. AB 错误：皮亚杰的研究表明，9 个月的婴儿只要成功地在 A 处找到东西后，即使后来的东西被移到 B 处，他也仍坚持在 A 处寻找，全然不考虑 B 处。此为 AB 错误。

4. 语言获得装置（LAD）：乔姆斯基的转化生成理论认为，婴儿先天具有一种普遍语法，言语获得过程是由普遍语法向个别语法转化的过程。这一转化是由先天的“语言获得装置（LAD）”实现的。LAD 是一个天生的生物系统，储存着人类所有语言的共同语法规则。

5. 陌生人焦虑：大约 6 个月起，婴儿表现出“认生”，陌生人出现时婴儿会产生警惕性的注意，紧张不安，甚至会躲避陌生人，即“陌生人焦虑”。

6. 依恋：指婴儿与抚养者之间所建立的亲密的、持久的情绪联结，婴儿和照看者之间相互影响并渴望彼此接近，表现出依附、身体接触、追随等行为。

7. 陌生情景技术：美国心理学家艾恩斯沃斯 1978 年首次提出，是一种在有控制的实验室情境中测量婴儿依恋行为的技术，它通过在实验室设置一种陌生情景，观察儿童在此情境中的反应，从而判断儿童依恋现状及其特点。

8. 感觉统合：是美国的爱尔丝 1969 年提出的一个概念，它是指大脑将从身体各感官（眼、耳、口、鼻、皮肤等）传来的感觉信息，进行组织加工、综合处理的过程。

9. 儿童感觉统合失调：指儿童大脑对人体各种感觉器官如眼、耳、皮肤等传来的感觉信息不能很好地进行分析和综合处理，造成整个身体不能和谐有效地运作。

（五）简答题

1. 婴儿动作发展对心理发展有什么重要意义？

（1）动作是个体发展的重要领域

（2）动作是评价个体身心发展的重要指标

（3）动作发展对个体心理发展的促进作用

2. 简答言语发生的乔姆斯基转换生成理论。

乔姆斯基认为，人类语言有共同的基本形式，即语法结构。只要有适当的言语信息输入，婴儿就能够学会任何一种语言。婴儿先天具有一种普遍语法，言语获得过程是由普遍语法向个别语法转化的过程。这一转化是由先天的“语言获得装置（LAD）”实现的。言语获得装置是一个天生的生物系统，储存着人类所有语言的共同语法规则。婴儿运用这种普遍语法，就很容易理解别人的言语，从而掌握这种语言。

3. 婴儿识别和理解他人表情的发展分为哪几个阶段？

阶段1不完整的面部知觉（0～2个月）

阶段2无评价的面部知觉（2～5个月）

阶段3对表情意义的情绪反应（5～7个月）

阶段4在因果关系参照中应用表情信号（7～10个月）

4. 简述托马斯-切斯的气质三类型说。

托马斯和切斯将婴儿气质类型划分为容易型、困难型和缓慢型。

（1）容易型：吃、喝、睡等生理机能有规律，容易适应新环境，也容易接受新事物和不熟悉的人。情绪积极愉快、爱玩，对成人的交往行为反应积极，容易受到成人最大的关怀和喜爱。

（2）困难型：饮食、睡眠等生理机能活动方面缺乏规律性，对新食物、新事物、新环境接受很慢。时常大声哭闹，烦躁易怒，爱发脾气，不易安抚。情绪总是不好，在游戏中也不愉快。在养育过程中容易使亲子关系疏远。

（3）缓慢型：活动水平很低，行为反应强度很弱，常常安静地退缩。情绪低落，不甚愉快。逃避新事物、新刺激，对外界环境和事物的变化适应较慢。但在没有压力的情况下也会逐渐地活跃起来。

5. 什么是依恋？婴儿依恋发展过程可划分为哪几个阶段？

依恋是指婴儿与抚养者之间所建立的亲密的、持久的情绪联结，婴儿和照看者之间相互影响并渴望彼此接近，表现出依附、身体接触、追随等行为。鲍比尔提出了依恋形成和发展的阶段模式。

（1）前依恋期（出生至2个月）

（2）依恋建立期（2个月至6～8个月）

（3）依恋关系明确期（6～8个月至18个月）

（4）目的协调的伙伴关系（18个月以上）

6. 艾恩斯沃斯把婴儿的依恋分为哪几种类型？

艾恩斯沃斯将婴儿依恋行为划分为三种类型。

（1）安全型

（2）回避型

（3）反抗型

7. 婴儿依恋对儿童心理发展有哪些影响？

（1）社会技能：安全型儿童的社会技能发展得更好，人际关系也很好。他们与父母有良好关系，遵守规则，容易适应新环境，入学后喜欢直接同教师接触。

反抗型儿童则经常用焦虑和反抗来对付父母的帮助，他们很难从父母的经验中得到教益。入学后，回避型和反抗型则频繁地请求教师帮助，但很少对得到的感到满意。其中回避型和反抗型寻求注意的方式不同。反抗型显示长期的抱怨，回避型则间接通过羊肠小道接近教师，他们总是被动地等待教师通知。

（2）认知发展：安全型的婴儿在问题解决任务中表现出较高的热情和坚持性。

8. 婴儿早期同伴交往划分为哪几个阶段？

婴儿的早期同伴关系的发展经历以下三个阶段：

（1）以客体为中心阶段（6个月～1岁）

（2）简单交往阶段（1～1.5岁）

（3）互补性交往阶段（1.5～2.5岁）

9. 孤独症儿童的临床表现有哪些？

孤独症儿童表现出三方面的缺陷，也称温氏三缺陷。

(1) 社会性缺陷

(2) 言语和沟通障碍

(3) 行为障碍

(六) 论述题

1. 试述托马斯-切斯的气质三类型说对婴儿早期教养的意义。

托马斯和切斯将婴儿气质类型划分为容易型、困难型和缓慢型。

婴儿气质对早期教养的影响体现在不同气质类型婴儿对早期教养的适应性和要求不同。一般来讲，容易型婴儿对各种各样的教养方式都容易适应，因此这类婴儿容易抚养。困难型婴儿的早期教养和亲子关系一开始就面临着问题，父母必须要处理许多棘手的问题。如果父母的教养方式不能适应婴儿的气质特点，就会导致婴儿更加烦躁、抵触。因此家长要全面考虑婴儿气质特点，采取适合婴儿气质特点、有针对性地采取一些措施，使婴儿健康成长。对缓慢型气质的婴儿，关键在于允许他们按照自己的速度和特点适应环境。如果给他们很大的压力，他们就会表现出回避倾向。这类儿童应多寻找机会去尝试新事物，适应新环境，逐渐获得良好的适应性。

因此，父母应接受婴儿与生俱来的气质特征，采取适合于儿童特点的教养方式，才能帮助儿童健康成长。

2. 试述婴儿依恋类型及影响因素。

艾恩斯沃斯将婴儿依恋行为划分为三种类型。

(1) 安全型：与母亲在一起时，婴儿很愉快探索和玩；陌生人进入时，他有点警惕，但继续玩。当把他留给陌生人时，他停止了玩，并去探索，试图找到母亲。当母亲返回时，他积极寻求与母亲接触，啼哭立即停止。当再次把他留给陌生人，婴儿很容易被安慰。

(2) 回避型：这类婴儿与母亲刚分离时并不难过，但独自在陌生环境中呆一段时间后会感到焦虑。容易与陌生人相处，容易适应陌生环境，很容易从陌生人那里获得安慰。当分离后再见到母亲时，对母亲采取回避态度。当母亲抱起他时，他经常不去拥抱母亲。

(3) 反抗型：与母亲在一起时，紧靠母亲，不愿离开母亲去探索环境。表现出很高的分离焦虑。与母亲分离，他们感到强烈不安；当再次同母亲团聚时，他们一方面试图主动接近母亲，另一方面又对来自母亲的安慰进行反抗。

婴儿的依恋类型，与母亲的教养方式及婴儿本身的气质特点等因素有关。依恋的质量取决于这些内外因素相互作用。

(1) 母亲方面的因素：在婴儿依恋中，起主要影响作用的是母亲。母亲是否能够敏锐地、适当地对婴儿的行为作出反应，母亲是否能积极地同婴儿接触，母亲是否能在拥抱婴儿更小心体贴，母亲能否在婴儿哭的时候给予及时安慰等，都直接影响着婴儿依恋的形成。

安全型依恋儿童的母亲对婴儿的信息很敏感，能及时作出反应，对婴儿的照顾体贴周到；回避型依恋儿童的母亲对婴儿提供了过多的刺激使其接受；反抗型依恋儿童的母亲则对婴儿照顾不周，对婴儿发出的信息不能及时作出反应，使婴儿的情绪受到挫伤。

(2) 家庭因素和文化因素：家庭环境因素，如家庭结构、家庭气氛等，也会影响婴儿依恋的发展。家庭的重大变故，如父母失业、婚姻危机或第二个孩子的出生，会影响亲子关系，自然也会影响依恋。

文化也是影响婴儿依恋的重要因素。德国的父母鼓励儿童的独立性，不赞赏儿童与父母的身体接近，可能造成回避型儿童的比例较高。而日本母亲很少将婴儿单独留给陌生人，婴儿缺乏与母亲分离的经验，分离对日本婴儿造成的压力比西方国家的婴儿大得多，可能造成反抗型婴儿的比例较高。

(3) 婴儿的心理特点：婴儿气质与环境相互作用，影响父母的养育方式。父母的养育方式是否符合婴儿的气质特点，决定婴儿依恋的类型。

（天津中医药大学　温子栋）

第五章　幼儿期身心发展规律与特点

一、学习要求

1. **掌握**　幼儿期思维发展的特点；游戏的理论；幼儿道德发展的理论；幼儿社会认知发展；幼儿性别化发展。

2. **熟悉**　幼儿期的言语发展；幼儿期的心理问题与干预。

3. **了解**　幼儿期的生理发展。

二、重点难点

1. **重点**　幼儿期思维发展的特点；游戏的理论；幼儿道德发展的理论；幼儿社会认知发展；幼儿性别化发展。

2. **难点**　科尔伯格的道德判断理论；性别化理论。

三、内容精要

幼儿心理是指3～6岁儿童的心理发展规律及其特点。在一个人的一生中，幼儿期是生理与心理发展非常迅速的时期。概括地看，这个阶段的儿童在生理发育的基础上，能较好地控制自己的身体和动作，能学习掌握一些基本的技能，动作总体是协调灵活的。思维的发展从具体形象思维向抽象逻辑思维发展，但是仍然存在很多的局限性，如逻辑性和抽象概括性差。游戏是幼儿期的主导活动，是幼儿的重要生活内容。游戏开发了幼儿的智力，促进了儿童对社会和自然界的认识，促进了其社会化的发展。除先天的气质特点外，幼儿的人格萌芽已经受到外界环境的强烈影响，开始形成最初的人格特点。幼儿阶段有了初步的自我评价，社会化行为开始形成，并形成了初步的社会认知。幼儿期达到对性别的稳定认识，对他人心理的理解和同伴关系的发展，都标志着他开始慢慢进入到人类社会中来。

四、阅读拓展

1. 陈帼眉.《幼儿心理学》[M]. 北京：北京师范大学出版社，2017.

《幼儿心理学》是国家教育部规划教材，是一部关于幼儿心理的著作，由四个部分组成。第一编是幼儿心理学的一般问题，主要介绍了幼儿心理学的研究对象、幼儿心理发展的一般规律；第二编是关于幼儿的认知和言语发展，主要介绍幼儿注意、感知觉、记忆、思维、言语等的发展与教育；第三编是幼儿的情绪、个性和社会性发展，主要介绍幼儿情绪情感和社会性的发展与教育；第四部分为幼儿在活动中的心理。本书内容精练、深入浅出，通俗易懂，可以让读者了解幼儿心理发展的一般过程，以及幼儿心理活动的规律。

2. **陈帼眉.《学前心理学》[M]. 北京: 人民教育出版社, 2015.**

本书科学、系统地阐述了儿童从初生到入学前这一阶段心理发展的基本规律和特征。共 13 章，首先介绍了学前心理的基本知识以及学前儿童发展的基本规律、特点及相关理论，接下来从注意、感知觉、记忆、想象、思维、语言、情绪情感、社会性及个性等方面系统阐述了学前儿童发展的基本特点和规律。

3. **张丽锦，等.《幼儿心理学》[M]. 浙江: 浙江教育出版社, 2015.**

本书是"十二五"国家重点图书，儿童青少年心理学丛书其中的一本，丛书的主编是雷雳老师。本书首先介绍了幼儿基本生理、心理和行为发展的特征及规律，包括幼儿身体发展、言语与认知发展、游戏发展、情绪人格与社会性发展等内容，还特别介绍了幼儿期特有的认知表现——"朴素理论"，以及幼儿"入学准备与学校适应"等内容。

本书兼顾理论性和实践性、知识性与启发性的统一，不仅展现了最新的国内外研究成果，专业性强，而且对读者进行启发性引导，激发阅读兴趣。

经典案例

1. **咬指甲**　某男孩，5 岁，性格内向、胆小、不合群，尤其受到成人指责时表现得紧张。上课、睡觉时，经常将手指放在口中，入神地咬指甲。从周岁起，他先是吃衣角、咬被角，后来由于大人阻止，虽不再吃衣角、被角，但产生了吮吸手指的行为。该男孩出生后由于母乳不足，由人工喂养，1 岁半后由外婆抚养。父母在外打工，每周到外婆家去看望他一次。长大一些后，跟父母同住，但大多数时间都是一个人在家玩耍。

咬指甲是儿童时期很常见的不良行为，男女儿童均可发生。程度轻重不一，重者可引起局部出血，甚至甲沟炎。爱咬指甲的孩子常伴有睡眠不安和抽动。孩子爱咬指甲，有时反映一种心理情绪，如紧张、抑郁、沮丧、自卑、敌对等情绪状态，其根源可能是受关注不够或缺乏安全感。有些孩子，由于咬手指甲经常受到老师和家长的批评、训斥，反过来又会产生紧张、焦虑的情绪，成为继发性精神刺激因素。

纠正孩子咬指甲的习惯可采用行为矫正法。以耐心说服和鼓励为主，平时多给予孩子心理上的关注，消除造成孩子紧张的因素。引导孩子多参加一些娱乐活动，多交朋友，如让孩子和其他小朋友一块做游戏等，转移其注意力。家长要有耐心和信心，千万不可体罚，不可大声训斥，不要粗暴地强行将孩子的手指从嘴里拉出，这样可能会在潜意识中加重孩子咬指甲的习惯。

要培养孩子良好的卫生习惯，如常修剪指甲，对大一点的孩子，可通过讲道理告诉他们咬指甲的危害。纠正孩子咬指甲的问题需要一个过程，年龄越小越好纠正，所以，家长发现孩子有咬指甲的毛病时就要尽早矫治。具体的矫正步骤为:

(1) 教给孩子分辨识别习惯性行为出现的情况，例如想办法让孩子知道自己什么时候最爱咬手指头。

(2) 教给孩子掌握在习惯性行为出现时运用的对抗反应，例如对自己说"妈妈说了，咬指甲容易生蛔虫。我不要长虫子。"

(3) 让孩子想象用对抗反应控制习惯性行为时的情景，如想象肚子里不再有蛔虫，不再闹肚子疼了。

(4) 父母要给予必要的督促，当孩子成功地使用对抗反应不再出现习惯性行为时，一定及时给予表扬。

2. **吮吸手指**　在婴幼儿时期，吮吸手指是一种很常见的不良行为，2～3 岁以后，这种现象大大减少，但是仍然有一部分儿童在饥饿、寂寞无聊、焦虑不安、疼痛或身体不大舒服的时候，会吮吸手指。如果偶然发现这种行为，或持续时间不长，属于正常现象，随着年龄的增长会逐渐消失。如果孩子这种不良行为得不到及时纠正，那么，这种不良行为就会固定下来。如果随着年龄的增长，孩子依然吮吸手指玩乐，说明孩子出现了行为上的偏移，形成了顽固性的习惯。

导致儿童长期经常吮手指的原因主要有以下六方面：

（1）爱的需求得不到满足：由于父母工作太忙，对孩子要求过严，家庭成员关系紧张等原因，使孩子得不到充分的爱和关注，特别是母爱。

（2）缺少同龄伙伴：现在大多是独生子女，住在单元式的房子里，当孩子从学校、幼儿园回家后，常常是一个人在家做作业、玩玩具、看电视，当感到孤独、寂寞、乏味时，便不自觉地去吮手指，久而久之便养成了习惯。

（3）适应困难：当孩子适应新环境感到困难时，或在紧张焦虑的状态下，也会产生这种行为。

（4）模仿：有的儿童是在幼儿园、学校里从同伴那儿模仿学来的。

（5）教育不及时：当孩子从吮吸手指的过程中得到一种快感后，便会时刻想着去吮吸手指，如果父母对孩子的这种行为不及时进行教育和制止，而是"看"之任之，也易使孩子养成习惯性行为。

（6）其他原因：如在饥饿、身体有疼痛或有其他不舒服的表现时，吮吸手指可以转移、分散注意力。若这种饥饿、疾病等不良情景经常出现，则可能使这类动作变成习惯性动作。

可采用以下方法进行矫正：

（1）尽量满足孩子被爱、被关注的需求。如多与孩子交流感情，进行肌肤接触；陪孩子做游戏，带孩子郊游；睡前给孩子以温情，让他能愉快安详地入睡，使孩子有一种安全感、满足感与幸福感。

（2）为孩子提供合适的玩具和场所，借此鼓励儿童多与同伴一起玩耍，安排一些合适的手工活动，尽量使他们的手不空闲。

（3）厌恶疗法。可在孩子经常吮、咬的手指上放一些胡椒粉，或涂些黄连水等苦味剂，或缠上些胶布，使之在吮、咬时产生一种厌恶感，可减少或消除这种行为。

（4）负性活动练习。规定儿童在一段时间里反复不停地吮、咬手指，直至感到不舒服、不愉快，促使其慢慢改掉这一习惯。

（5）正确的教育与强化。在对孩子进行矫治时，态度要亲切，语言动作要轻柔，不要大声地呵斥、恐吓、打骂。另外，当孩子在矫治的过程中有所进步时，应及时给予表扬及鼓励。

3. **口吃**　张某，男，6 岁，小学一年级学生，父母都是国家干部，大专文化程度。据母亲介绍，孩子的语言发展从小就较晚，1 岁半以后才开始说话，2 岁以后才会讲完整的句子。上学前便有口吃现象，但不严重，没有引起家长的注意。上学之后，口吃现象比以前突出了。平时与同学交谈，越着急越说不出话来；遇到集体讨论发言的情况，说上几个字便卡壳，急得满脸通红，嘴唇颤抖，有时还直流口水。不过，在朗读课文或唱歌时并不口吃。孩子的性格较内向，用他母亲的话说，"腼腆得像个姑娘，还有表现出小性子，为这不少挨他爸爸的打"。

口吃是指说话时言语中断、重复、不流畅的状态，是儿童期常见的语言障碍。约有半数口吃的儿童在5岁前发病。口吃是儿童中一种常见的语言障碍。根据流行病学调查，在不同国家、不同种族人群中，其发生率成人为1%左右，青少年儿童为3%～5%，男女比例为3～5∶1。典型的口吃多发生于学龄前3～5岁时，少数人发生于学龄后期。在儿童期发生的口吃，约有80%不经治疗可逐渐消失，国外许多语言病理学家称之为发育性语言不流畅。

目前，对于口吃的原因尚不完全清楚，推测可能是以下几种原因引起。

(1) 遗传因素：通常，口吃患者家族中的口吃发生率较高，大约达65%左右，因此认为与遗传有关。

(2) 模仿：很多口吃的孩子，都是因模仿他人口吃而形成的。口吃的感染性很强，由于儿童的语言功能还不完善，很容易受到有口吃的人的影响，如经常与有口吃的人接触，模仿有口吃的人讲话，都可能会导致孩子形成口吃。

(3) 精神因素：如父母争吵、环境突变、突然强烈的惊恐刺激等，都会使孩子感到很紧张。如果父母未能及时有效的缓解孩子的紧张心理，也可能导致孩子出现口吃。

另外，在孩子学习说话的阶段，发音不准或咬字不清时，父母急于做过多矫正，以致于孩子一句话还没说完时，就经常打断说话，进行纠正。结果给孩子的心理上造成很大压力，一说话就会紧张，担心说错话，就可能出现口吃。

(4) 强行纠正左利习惯：父母或老师强迫孩子改变左利习惯时，也会使部分孩子产生口吃。人们习惯于把控制说话能力的半球称为优势半球。习惯于用右手的人，优势半球在左侧；习惯于用左手的人（左撇子），优势半球在右侧。如果父母强迫左利的孩子改用右手拿筷子吃饭，幼儿园老师强迫左撇子孩子改用右手拿剪刀做手工，都可使大脑在形成语言优势半球的过程中出现功能混乱，导致口吃发生。

可采用以下方法进行缓解：

(1) 消除说话时引起情绪紧张的因素：要努力创设平和、协调的气氛，帮助孩子减少紧张感。老师、家长与孩子对话时，对孩子的口吃行为不要特别加以关注，而是顺其自然。不要因孩子结巴，自己先焦虑，在孩子面前流露出紧张，从而把焦虑传递给孩子。成人要冷静，让孩子保持宽松的心理环境，没有压力，这样才能消除紧张情绪。

(2) 尊重孩子，给以信心：不要说孩子是“小结巴”，应该避免挫伤孩子的自尊心；更不能学孩子结巴的样子，也不要在他人面前议论孩子的结巴问题。应该鼓励孩子，告诉他，结巴是可以纠正的，但是需要他自己的信心和毅力，只要努力，是能纠正的。当孩子一时说话不清时，千万不要责怪。对其他孩子的嘲笑，应给予批评、制止。要鼓励孩子慢慢说，有进步就给予肯定，帮助孩子树立信心。

(3) 正确的矫正方法：成人要有耐心让孩子把话说完，然后和颜悦色地、语速缓慢地用简单的语言与孩子交谈刚才的话题，让孩子在与成人简单的对话中做出简单的回答。让孩子把要说的事情慢慢地说清楚，可逐渐消除其说话时的紧张和焦虑。但在矫正口吃时，不要让孩子感觉太累。

(4) 有意识地进行一些语言训练：第一，正确示范。老师念出正确的发音，让孩子看着老师的嘴形，逐字逐句模仿。对孩子的模仿要多鼓励，少责怪。第二，训练孩子心平气和地说话。要求他速度要慢，声音要轻，先把要说的话想好，然后慢慢地、轻轻地说出来。第三，让孩子分散注意力。教孩子在说话时用做些呼吸和发声练习，或做手势和头部运动，来分散害怕口吃的注意力。可以用游戏来增加孩子与人交往的机会，来分散对口吃的注意力。第四，让孩子多朗读儿歌、歌曲和背诵故事。可以找一些生动有趣的儿歌、小故事来激发孩子学习的兴趣，可让他反复练习。但不要强调质量，以免增加孩子的心理压力。多让孩子唱歌，注意调整说话节奏。第五，训练要由易到难。可以先让孩子多与熟人说话，对话的人少一些；再逐步引导孩子与陌生人对话，对话的人多一些。教师先单独向他提些问题，当他能顺利回答后，再进行交流。

4. **语言发育迟缓**　语言发育迟缓是指由各种原因引起的儿童口头表达能力或语言理解能力明显落后于同龄儿童的正常发育水平。国内章依文等提出：2～3 岁儿童 24 个月词汇量少于 30 个，30 个月男童结构表达量少于 3 个，女童结构表达量少于 5 个则为语言发育迟缓。

影响儿童语言发育的原因很多，常见的有视觉障碍、听觉障碍；交往障碍（自闭症、自闭倾向等）；智力发育迟缓；不适当的语言环境；发音器官形态、运动异常；脑发育不全及脑损伤等。

可采用以下方法进行训练：

（1）游戏疗法；（2）言语符号词汇的扩大；（3）词句训练；（4）语法训练；（5）表达训练；（6）文字训练；（7）交流训练。

语言训练的目的在于促进儿童的语言发展，儿童的语言发展最终是在生活环境和学习环境中得以实现的。在不同的年龄段对语言学习也有不同的要求，大部分语言发育迟缓儿童在学习语言时还表现出许多幼儿的特征，所以家长要考虑适应他们的训练方法和调整相应的语言环境。

5. **偏食**　中午进餐的时间到了，今天的午餐是白米饭、虾仁炒蚕豆和青菜豆腐汤。孩子们洗完手在自己的座位上开始吃饭，教室里一片寂静，只听到碗勺相碰的声音。看到孩子们都吃得津津有味。这时，洋洋小朋友在饭刚分好时他吃了一口米饭、一口虾仁，刚吃了三口，就和同桌的小朋友说起了悄悄话。发现老师在注意他，就又吃了一口饭，含在嘴里，坐着发呆，约两分钟后，再慢吞吞地喝一口汤，吃一口饭，菜几乎没动。后来老师看他几乎都没吃下去就去喂他吃，可当老师把青菜喂进他嘴巴的时候他好象要呕吐一样。后来急了就让他把汤倒在饭里自己吃，他连汤带水慢条斯理地吃着。这顿饭他足足吃了一个多小时才把米饭吃完，菜全剩在碗里，理由是“他不喜欢吃”。

偏食是指儿童不喜欢或不吃某一种食物或某一些食物，是一种不良的进食行为。偏食在儿童中很常见，在城市儿童中约占 25% 左右，在农村儿童中约占 10% 左右。孩子偏食、挑食在目前较为普遍，令年轻的父母非常苦恼。这些孩子总是吃某几种喜欢的食物，对不喜欢吃的食物一点不理睬。如果在同一碗菜里，他们就挑选着吃，把菜翻乱，令人感到不愉快。他们一旦吃进不爱吃的食物，到嘴里后也要吐出来。

造成偏食的原因有以下几种：①父母偏食，这会直接影响宝宝的饮食习惯。②添加辅食操之过急，影响孩子对食物味道的感受。③味道不好，影响孩子的食欲。④独生子女，家人过于溺爱，零食不断，没有养成良好的进餐习惯。⑤微量元素缺乏。

要纠正孩子偏食的不良习惯，不能操之过急，如果再用哄骗打骂等强制手段，引起孩子的逆反心理，那样结果就更不理想了，因此要讲究一定的方式方法。可以从以下几个方面纠正：

（1）让孩子与全家人在一起吃饭，或是与不偏食、不挑食的孩子在一起吃饭，创造一个愉快的就餐气氛，并且鼓励他向其他人或小朋友学习。

（2）平时不在孩子面前谈论某种食物不好吃，或者有什么特殊味道等之类的话题。家长也要处处做出榜样，把孩子不喜爱的食物，在孩子面前，大口大口香甜地吃下去。

(3) 控制零食，两餐饭之间的间隔时间保持3～4小时。

(4) 多带孩子到户外活动，增加活动量后，他们会产生饥饿感。

(5) 改善烹调技术，对小儿不喜欢吃的食物的色、香、味加以调整，或改变这种食物的形态后再吃。

(6) 2～3岁小儿，已懂得道理。家长可以给他们看各种食物的画，并讲清它们的营养价值，使他们在头脑中对不爱吃的食物有一个好印象。

(7) 在节假日、郊游或参加亲戚家的宴请时，孩子情绪高涨，可以让他尝点平时不爱吃的食物，以后也就慢慢适应了。

6. **攻击行为** 攻击行为是指因为欲望得不到满足，采取有害他人、毁坏物品的行为。儿童攻击行为常表现为打人、骂人、推人、踢人、抢别人的东西（或玩具）等。儿童的攻击行为一般在3～6岁出现第一个高峰，10～11岁出现第二个高峰。

幼儿攻击行为的原因主要有：①模仿：当孩子出现攻击性行为或者仅仅是不小心犯大错时，家长经常会很生气，并且使用一些暴力的手段来加以制止。这样做会给他们造成这样一种认知——如果别人做得不对，就可以打他。②错误的矫正方式：当儿童与伙伴经常发生争斗或者合不来时，大人们经常会阻止孩子与他们玩。不与同伴进行任何交往，他就不能发展人际交往的能力，不能与他人建立和维持良好关系、不能很好地解决与同伴产生的冲突，因此就更容易使用攻击性行为表达自己的不满。

如何减少幼儿的攻击行为？第一，家长应该耐心地与孩子进行交流。一旦发现孩子的攻击行为时，首先应该问清楚事情的原委，然后教给他正确的处理方法。第二，鼓励并带领孩子学会交往技巧，保证他们有足够的时间与同伴交往。家长在孩子与同伴交往时，要留心观察他遇到的问题，然后和他一起分析，这样孩子才能逐渐发展起自己解决冲突的能力和社会交往能力，在赢得朋友的同时健康成长。第三，良好的行为习惯是塑造出来的，儿童的可塑性非常强。家长要相信教育是能够让孩子形成正确的行为习惯和良好性格的。

7. **性识别障碍** 小宏的妈妈认为文静、俊俏、略带几分羞怯的女孩更招人喜欢，用各种手段打扮孩子，才能显示出母亲的才能和审美水平。于是，她的儿子小宏，从小就与脂粉、裙子、辫子结下了不解之缘。小宏一直很听话，还经常得到“漂亮”、“文静”的赞美之词，母亲也欣然自得。没想到，小宏长大后却迟迟不进入恋爱状态，在父母的催促和介绍下，他虽与许多女孩接触，却均以失败告终。他仅钟情于单位里的一个男性，对方打他骂他，他还给人家买烟买酒。这下，做妈妈的急了，可小宏却陷在同性恋的倾向里难以自拔。

性识别障碍是指儿童对自身性别的认识与自己的生理性别相反，如男性行为特征像女性，或持续否认自己具有男性特征。多见于3岁以上的儿童。

儿童性识别障碍通常出现在2岁左右。患儿偏好异性服饰，坚称自己为异性；强烈且持久地渴望加入典型的异性游戏和活动，对自身性别存在消极情绪。例如，一个小女孩坚信自己将长出阴茎，变成男孩，她会站着小便。小男孩可能会蹲坐着小便，希望除去阴茎和阴囊。绝大多数此类患儿在6～9岁时才被发现。

形成原因：

(1) 生物因素

性器官和出生前的激素环境，在很大程度上决定了性身份，但是一个稳定的，协调的性身份和性角色的形成也受到社会因素的影响，如父母的情感纽带角色以及亲子关系。

（2）错误的教养方式。家长对孩子采取了错误的教养方式，传达了错误的社会期望和行为要求，如按照女孩的社会角色要求男孩，按照男孩的社会角色要求女孩。

解决方法：（1）按照社会角色教育孩子；（2）如果是生物因素，如激素分泌，先天的性器官问题，家长应带孩子及时就诊。

8. **入园焦虑**　入园焦虑是指幼儿与亲人或依恋对象分离后，对陌生的人和环境所产生的不安全感和害怕的反应。在小班新入园的孩子中，分离焦虑持续一周的占 15%，持续两周的占 65%，三周以上的占 20%。

（1）幼儿产生入园焦虑的原因分析：

1）环境的变化

孩子在家庭中成长起来，对自己家庭的生活环境非常的熟悉。初到幼儿园，园内的各种生活环境对于孩子们来说非常的陌生。摆满玩具的玩具柜、中午休息的小床、集体活动的小桌子等，既新奇又神秘。在这样的环境中，孩子们会由于找不到自己的位置而产生紧张的反应，产生分离焦虑。

2）幼儿自身的原因入园焦虑与幼儿自身的气质类型和性格特征也有关系。有些孩子对新环境的适应缓慢，加上自身性格内向，不愿主动和其他孩子交往，对新环境的探索较少，适应较慢。

3）对父母的依恋行为幼儿在家庭生活中和父母、亲人朝夕相处，建立了稳固的亲子依恋的感情纽带，使得幼儿愿意与依恋对象亲近。当父母在身边时，幼儿心情愉快，有安全感，愿意探索和与人交往。父母一旦离开了，幼儿立刻表现出悲伤、焦虑等情绪，表现出害怕，有受挫感和焦虑感，人际交往异常。亲子依恋越稳固，幼儿就越不爱上幼儿园，适应幼儿园集体生活就越困难。

（2）减少幼儿入园焦虑的策略：

1）家庭方面：家庭要在生活方面和人际交往方面让幼儿提前做好准备。让幼儿在入园前具备一定的生活自理能力，让孩子学会自己吃饭、盥洗、穿脱衣服、上厕所、叠被子等。入园前一段时间内，父母要有意识扩大幼儿的交往范围，降低其对家人的依恋，帮助孩子建立人际关系和社会关系。要让孩子尽量多接触家庭以外的人，拥有多个伙伴。培养孩子与陌生人打招呼的习惯，以克服孩子在陌生环境里的恐惧感。家长要鼓励孩子把玩具拿出来与其他孩子一起玩，以培养孩子与人相处的能力，减少或避免分离焦虑的发生。另外，在入学前，父母可经常给孩子描述幼儿园的生活，也可以带孩子到托儿所或幼儿园看看、玩玩，当他对幼儿园比较熟悉时，再正式送孩子入托，可防止分离性焦虑发生。

2）学校方面：在开学的一周内开展丰富多彩的活动，如用色彩鲜艳、新奇的玩具转移幼儿的注意力，组织有趣的课堂和户外活动，帮助幼儿熟悉身边的小朋友，采用正面鼓励和侧面引导的方法等，让幼儿在集体生活中体验快乐，给幼儿营造安全、温馨的氛围。

五、巩固习题与答案

（一）单项选择题

1. 下面有关游戏的说法，不正确的是（　　）

A. 游戏可以促进幼儿情感的发展

B. 游戏可以促进幼儿的社会化

C. 幼儿在游戏中可以模仿生活中的行为规则，但无法将这些规则迁移到现实生活中
D. 合作性游戏是幼儿游戏中社会性交往水平最高的形式

2. 把游戏看作是儿童借以发泄体内过剩精力的一种方式的理论是（ ）
A. 精力过剩说 B. 成熟说
C. 精神分析理论 D. 功能快乐说

3. 幼儿的形象记忆主要依靠的是（ ）
A. 动作 B. 言语
C. 表象 D. 情绪

4. 幼儿期儿童的主导活动是（ ）
A. 饮食 B. 睡眠
C. 游戏 D. 学习

5. 儿童开始能够按照物体的某些比较稳定的主要特征进行概括，这是（ ）
A. 直观的概括 B. 语词的概括
C. 动作的概括 D. 知觉的概括

6. 下列说法中，属于认知学派游戏观的是（ ）
A. 游戏能够控制现实中的创伤性体验
B. 游戏练习并巩固已习得的各种能力
C. 游戏能够实现现实不能实现的愿望
D. 通过游戏重演人类历史的发展过程

7. 在柯尔伯格的道德发展理论中，“好孩子”定向阶段的特征是（ ）
A. 对成人或规则采取服从的态度，以免受到惩罚
B. 认为人与人之间应该互惠互利
C. 考虑到为自己塑造一个社会赞同的形象，避免他人不喜欢
D. 开始从维护社会秩序的角度来思考什么行为是正确的

8. 1 岁至 1 岁半儿童使用的句型主要是（ ）
A. 单词句 B. 电报句
C. 简单句 D. 复合句

9. 幼儿能知道自己的性别，并初步掌握性别角色知识一般在（ ）
A. 1～2 岁 B. 2～3 岁
C. 3～4 岁 D. 4 岁以后

10. 提出幼儿的游戏是补偿现实生活中不能满足的愿望，克服创伤，是一种健康的发泄方式，这是（ ）的观点
A. 精神分析理论 B. 认知动力说
C. 学习理论 D. 早期的游戏理论

11. 20 世纪影响最广泛的儿童思维发展理论是（ ）提出的
A. 桑代克 B. 皮亚杰
C. 斯金纳 D. 杜威

12. 皮亚杰对儿童道德认知发展的研究采用了（ ）
A. 三山实验 B. 守恒实验
C. 对偶故事 D. 两难问题

13. 幼儿语言发展中最早产生的句型是（ ）

A. 陈述句 B. 疑问句

C. 祈使句 D. 感叹句

14.（ ）是儿童亲社会行为产生的基础

A. 自我意识 B. 态度

C. 认知 D. 移情

15. “3岁看大，7岁看老”这句俗话反映了幼儿心理活动（ ）

A. 整体性的形成 B. 独特性的发展

C. 稳定性的增长 D. 积极能动性的发展

16. 最先卓有成效地运用临床法于发展心理学研究的心理学家是（ ）

A. 霍尔 B. 皮亚杰

C. 布鲁纳 D. 普莱尔

17. 幼儿词汇中使用频率最高的是（ ）

A. 代词 B. 名词

C. 动词 D. 语气词

18. “童言无忌”从儿童心理学的角度看是（ ）

A. 儿童心理落后的表现 B. 符合儿童年龄特征的表现

C. “超常”的表现 D. 父母教育不当所致

19. 幼儿期言语发展的主要任务是发展（ ）

A. 口头语言 B. 书面语言

C. 独白言语 D. 连贯言语

20. 5岁左右的儿童已能够借助一些小木棍进行简单的算术了，到了小学一年级，就可以摆脱小木棍进行口算，这说明儿童心理发展的趋势是（ ）

A. 从简单到复杂 B. 从凌乱到成体系

C. 从被动到主动 D. 从具体到抽象

21. 幼儿期的年龄范围是（ ）

A. 2～4岁 B. 2～5岁

C. 3～6岁 D. 3～8岁

22. 皮亚杰把儿童的心理发展划分为（ ）个阶段

A. 2 B. 3

C. 4 D. 5

23. 皮亚杰所说的守恒是指（ ）

A. 客体永久性

B. 不论事物的形态如何变化，儿童都知道其本质是不变的

C. 物质的总能量是不变的

D. 物质的形态不会改变

24. 下面属于4～5岁幼儿想象特点的是（ ）

A. 想象出现了有意成分

B. 想象活动没有目的，没有前后一贯的主题

C. 想象形象力求符合客观逻辑

D. 想象依赖于成人的语言提示

25. 幼儿知道“夏天很热，最好不要到户外去”反映了幼儿（ ）

A. 感觉的概括性　B. 知觉的概括性
C. 思维的概括性　D. 记忆的概括性

26. 四岁幼儿一般能集中注意约（ ）

A. 5分钟　B. 10分钟
C. 15分钟　D. 20分钟

27. 下面**不属于**影响学前儿童攻击性行为因素的是

A. 榜样　B. 强化
C. 移情　D. 挫折

28. 柯尔伯格对儿童道德认知发展的研究采用了（ ）

A. 三山测验　B. 守恒实验
C. 对偶故事　D. 道德两难故事

29. 延迟满足实验可以测量幼儿的（ ）

A. 自我中心　B. 自我控制
C. 自我评价　D. 情绪

30. “老师说我是好孩子”说明幼儿对自己的评价是（ ）

A. 独立性的　B. 个别方面的
C. 多方面的　D. 依从性的

31. 西方流行的游戏治疗就是（ ）学派的游戏理论的应用，用于矫治儿童在精神上与行为中的问题

A. 复演说　B. 同化说
C. 元交际　D. 精神分析

32.（ ）认为，游戏是远古时代人类祖先的生活特征在儿童身上的复演

A. 皮亚杰　B. 霍尔
C. 彪勒　D. 弗洛伊德

33. 按照皮亚杰的道德认知理论，认为规则是绝对的、固定不变的，由权威所给予的，而不理解规则可以经过协商来制定或改变的，这时儿童处于道德发展的（ ）阶段

A. 前道德　B. 自律道德
C. 他律道德　D. 道德相对论

（二）填空题

1. 在词汇的发展中，幼儿先掌握的是实词，其中最先掌握的是__________，其次是动词，再次是__________。

2. 幼儿口语表达能力的发展是从对话言语逐渐过渡到__________。

3. 伯莱因和埃利斯提出了游戏的__________理论。

4. 幼儿的游戏，按游戏的主体性分为主体性游戏和__________。

5. __________提出了亲社会道德发展阶段理论。

6. 如果个体能把心理状态加于自己和他人，那么这个个体就具有__________。

7. 儿童获得心理理论的标志是成功地完成__________。

8. 美国心理学家哈吐普把攻击行为分为__________和工具性攻击。

9. 幼儿性别概念的发展要经历三个阶段：__________、性别稳定性和性别恒常性。

10. 幼儿的同伴关系类型主要有受欢迎型、__________、被忽视型和一般型。

11. ____________，又称为________________，以注意力不集中、容易分心、多动、冲动行为为主要特征。

12. ____________，始发于儿童期，儿童具有正常的语言理解能力和言语表达能力，却会有选择性地在某些特定的、需要言语交流的场合保持缄默不语。

（三）名词解释

1. 种族复演说
2. 客体永久性
3. 他律道德阶段
4. 亲社会行为
5. 攻击性行为
6. 双性化
7. 社会认知
8. 性别图式理论
9. 注意缺陷多动障碍
10. 选择性缄默症

（四）简答题

1. 幼儿脑重的发展趋势。
2. 幼儿绘画动作技能的发展。
3. 幼儿的听觉能力的发展特点。
4. 幼儿的记忆在保持时间上的发展特点。
5. 幼儿的注意品质的发展特点。
6. 幼儿掌握概念的常用方法。
7. 幼儿判断能力的发展特点。
8. 游戏对幼儿的身心发展的意义。
9. 皮亚杰的道德判断理论。
10. 幼儿自我评价的特点。
11. 注意缺陷多动障碍的干预方法。
12. 选择性缄默症的原因。

（五）论述题

1. 幼儿的无意注意和有意注意的发展特点。
2. 幼儿思维发展的基本特征。
3. 幼儿的口语表达能力的发展特点。
4. 传统的游戏理论。
5. 幼儿阶段的游戏种类有哪些？
6. 科尔伯格的道德认知理论
7. 幼儿攻击行为发展的理论。
8. 性别化发展理论。

六、参考答案

（一）单项选择题

1. C	2. A	3. C	4. C	5. B	6. B	7. C	8. A	9. B	10. A
11. B	12. C	13. A	14. D	15. C	16. B	17. B	18. B	19. A	20. D
21. C	22. C	23. B	24. A	25. C	26. B	27. B	28. D	29. B	30. D
31. D	32. B	33. C							

（二）填空题

1. 名词，形容词；
2. 独白言语；
3. 激活；
4. 客体性游戏；
5. 艾森伯格；
6. 心理理论；
7. 错误信念任务；
8. 敌意性攻击；
9. 性别认同；
10. 被拒绝型；
11. 多动症，注意缺陷多动障碍；
12. 选择性缄默症。

（三）名词解释

1. 种族复演说：由美国心理学家霍尔提出，他认为不同年龄阶段的儿童以不同的游戏形式，是在重演着人类史前时代祖先们的生活至现代人进化的各个发展阶段，不同年龄的儿童以不同的形式重复着人类祖先的本能特征，受到了达尔文“进化论”思想的影响。

2. 客体永久性：能够找到不在眼前的物体，确信在眼前消失了的东西仍然存在。在这之前，物体在儿童眼前消失，他就不再找了，似乎物体已经不存在。这是儿童处于智慧的萌芽阶段的标志。

3. 他律道德阶段：此阶段大约出现的时间4、5岁到8、9岁之间，以学前儿童居多数。儿童认为规则是由权威给予的，是绝对的、固定不变的，判断行为时只考虑行为的后果，而不考虑行为的意图，称之为道德现实主义。

4. 亲社会行为：指对他人有益或对社会有积极影响的行为，包括分享、合作、助人、安慰、捐赠等。

5. 攻击性行为：指一种以伤害他人或他物为目的的行为。攻击性行为是一种不受欢迎但却经常发生的行为。攻击性行为最大的特点是其目的性。分为反应型攻击性行为和主动型攻击性行为。

6. 双性化：指一个人同时具有男性和女性的心理特征。

7. 社会认知指人对社会性客体及其之间关系的认知。如对自我、他人、人际关系、社会群体、社会角色、社会规范、社会生活事件的认知。

8. 性别图式理论：“性别图式”是指人们关于男性特点和女性特点的朴素理论观。

9. 注意缺陷多动障碍：多动症，又称注意缺陷多动障碍，是最常见的儿童时期神经和精神发育障碍性疾病，以注意力不集中、容易分心；多动、冲动行为为主要特征。

10. 选择性缄默症：是指儿童具有正常的语言理解能力和言语表达能力，却会有选择性地在某些特定的、需要言语交流的场合保持缄默不语。

（四）简答题

1. 幼儿脑重的发展趋势。

答：孩子生后头两年脑部发育最快，出生时脑重量为350～400g，达成人脑重的25%，6个月时为出生时的2倍，2岁末为出生时的3倍，3岁儿童的脑重约1000g，相当于成人脑重的75%，而7岁儿童的脑重约1280g，基本上已经接近于成人的脑重量（平均为1400g）。

2. 幼儿绘画动作技能的发展。

答：儿童在绘画上会表现出四个明显的阶段性特征：

第一阶段，涂鸦阶段（1.5～2岁）。这个阶段的儿童开始在纸上乱画，这些最初画下的东西纯属涂鸦。

第二阶段，形状阶段（2～3岁）这个阶段的儿童常在画纸的中央，对涂抹做仔细的安排，以便画一个基本的几何图形。

第三阶段，图案阶段（3～4）这个阶段末期的儿童还开始将两个单一的几何图形画在一起，产生一个新的“组合体”。

第四阶段，图画阶段（4～6岁）这一阶段幼儿绘画更有现实性，也更加复杂。这时的绘画在形状方面是不真实的，颜色的使用也是不真实的。

3. 幼儿的听觉能力的发展特点。

答：幼儿期的听觉感受性一直在增长。在语音知觉方面，幼儿对纯音的听觉敏度比语音听觉敏度强，到幼儿中期语音听觉敏度提高了，到幼儿晚期，语音的听觉敏度已接近成人，已经能辨明母语的全部语音。

4. 幼儿的记忆在保持时间上的发展特点。

答：记忆的保持时间是指从识记到再认或再现之间的时间距离。已有研究表明，2岁能再认几个星期以前感知过的事物；3岁就能再认几个月前的事物；4岁能再认1年前的事物；7岁能再认3年前的事物。在再现方面，2岁能再现几天前的事物；3岁能再现几个星期的事物；4岁能再现几个月前的事物；5～7岁能再现1年前的事物。当然这只是平均数据，有个别儿童的记忆保持时间会更好，如有些超常儿童。

5. 幼儿的注意品质的发展特点。

答：（1）注意的稳定性：幼儿的注意稳定性差。

（2）注意的范围：幼儿的注意范围较小，由于幼儿知识经验贫乏，眼球跳动的距离比成人短，不善于运用边缘视觉等原因造成的。

6. 幼儿掌握概念的常用方法。

答：（1）守恒法；（2）解释法；（3）排除法；（4）分类法。

7. 幼儿判断能力的发展特点。

答：（1）以直接判断为主；（2）判断内容的深入化；（3）判断根据的客观化；（4）判断论据明确化。

8. 游戏对幼儿的身心发展的意义。

答：（1）发展幼儿的体能；（2）发展幼儿的智力；（3）发展幼儿的情绪；（4）发展幼儿的社会性；（5）促进幼儿自律行为产生。

9. 皮亚杰的道德判断理论。

皮亚杰认为儿童的道德认识发展分为3个阶段：

第一阶段：前道德阶段。此阶段大约出现在4～5岁以前。处于前运算阶段的儿童的思维是自我中心的，其行为直接受行为结果支配。因此，这个阶段的儿童还不能对行为做出一定的判断。

第二阶段：他律道德阶段或道德实在论阶段。此阶段大约出现在4、5岁到8、9岁之间，以学前儿童居多。儿童的道德认知呈现以下特点：①儿童认为规则是由权威给予的，是绝对的、固定不变的；②在评定是非时，总是抱极端态度，非此即彼；③判断行为的好坏完全根据行为的后果，而不是行为意图。

第三阶段：自律道德阶段或道德相对论阶段。自律道德始自9、10岁以后，大约相当于小学中年级。此阶段的儿童，不再盲目服从权威，他们认为规则不是绝对的，可以怀疑，可以改变；判断行为时，不只考虑行为的后果，还考虑行为动机。个体的道德发展达到自律水平，是与其认知能力发展齐头并进的。

10. 幼儿自我评价的特点。

答：幼儿自我评价的特点是：①轻信成人的评价；②以对外部行为的评价为主；③比较笼统的评价；④带有极大主观情绪性的评价。

11. 注意缺陷多动障碍的干预方法。

答：①药物治疗；②行为矫正法；③认知行为干预；④家庭与学校联合治疗；⑤其他的干预治疗，如：饮食、中药治疗可以作为ADHD的辅助治疗方法

12. 选择性缄默症的原因。

答：①生物基础；②心理动力冲突；③人格因素；④家庭环境因素；⑤言语或语言障碍；⑥行为主义理论的解释。

（五）论述题

1. 试述幼儿的无意注意和有意注意的发展特点。

(1) 幼儿无意注意发展的特点：

3岁前儿童的注意基本上都属于无意注意。3～6岁儿童的注意仍然主要是无意注意。主要有两个特点：

第一，刺激物的物理特性仍然是引起无意注意的主要因素。强烈的声音、鲜明的颜色、生动的形象、突然出现的刺激物或事物发生了显著的变化，都容易引起幼儿的无意注意。

第二，与幼儿的兴趣和需要有密切关系的刺激物，逐渐成为引起无意注意的原因。3～6岁儿童，随着知识经验和认识能力的发展，能够发现许多新奇事物和事物的新颖性，即与原有经验不符合之处。

(2) 幼儿的有意注意发展的特点：

幼儿期有意注意处于发展的初级阶段，水平低，稳定性差，而且依赖成人的组织和引导。这时有以下特点：

第一，幼儿的有意注意受大脑发育水平的局限。有意注意是由脑的高级部位控制的。大脑皮质的额叶部分是控制中枢所在。

第二，幼儿的有意注意是在外界环境，特别是成人的要求下发展的。儿童进入幼儿期，也就进入了新的生活环境和教育环境。

第三，幼儿逐渐学习一些注意方法。有意注意要有一定的方法。幼儿在成人教育和培

养下。逐渐能够学会一些组织有意注意的方法。

第四，幼儿的有意注意是在一定的活动中实现的。幼儿的有意注意，由于发展水平不足，需要依靠活动进行。

2. 试述幼儿思维发展的基本特征？

幼儿的思维发展的总趋势是从具体形象开始向抽象化转化。基本特征有：①幼儿以具体形象思维为主要思维形式。从思维发展的方式看，一般认为，2、3 岁以前儿童的思维是直观行动的，6、7 岁以前是具体形象的，大约到了进入小学，儿童进入了抽象逻辑的思维阶段。②幼儿的抽象逻辑思维开始萌芽。抽象逻辑思维是反映事物的本质属性和规律性联系的思维，是使用概括、通过判断和推理进行的。这是高级的思维方式。③言语在幼儿思维中的作用增强。言语在幼儿思维中的作用，最初只是行动总结，然后能够伴随行动进行，最后才成为行动的计划。与此同时，思维活动起初主要依靠行动进行，后来才主要依靠言语来进行，并开始带有逻辑的性质。④幼儿思维活动的内化儿童思维起先是外部的、展开的，以后逐渐向内部的压缩的方向发展。直观行动思维活动的典型方式是尝试错误，其活动过程依靠具体动作，是展开的，而且有许多无效的多余动作。

3. 幼儿的口语表达能力的发展特点。

连贯言语和独白言语的发展是儿童口语表达能力发展的重要标志。口语表达能力的发展既有利于内部言语的产生，也有助于儿童思维能力的提高。①从对话言语逐渐过渡到独白言语：随着儿童活动的发展，儿童的独立性大大增强，在与成人的交际中，他们渴望把自己经历过的各种体验、印象等告诉成人，这样就促进了幼儿独白言语的发展；在幼儿晚期，儿童就能较清楚地、系统地、绘声绘色地讲述一件他曾看过或听过的事件或故事了，这一阶段，幼儿会试着校准对话信息，以配合听者和背景。②从情境性言语过渡到连贯性言语：幼儿阶段，情境言语的比重逐渐下降，连贯言语的比重逐渐上升。连贯言语的发展使幼儿能够独立、完整、清楚地表达自己的思想和感受，也为独自言语打下了基础。

4. 试述传统的游戏理论。

传统的游戏理论都有一个明显倾向，即坚持从先天的、本能的、生物的标准去看待游戏，而很少有提到游戏的社会本质。六个游戏理论概述如下：

①种族复演说：美国心理学家霍尔提出了“复演说”，他认为不同年龄阶段的儿童以不同的游戏形式，是在重演着人类史前时代祖先们的生活至现代人进化的各个发展阶段，不同年龄的儿童以不同的形式重复着人类祖先的本能特征。②精力过剩说：德国思想家席勒和英国哲学家斯宾塞把游戏看作是儿童借以发泄体内过剩精力的一种方式，以使身心达到平衡。当儿童剩余精力越多，则其游戏就越多。③生活准备说：德国心理学家、生物学家格罗斯认为儿童的游戏是对未来生活的一种本能的准备，即“预演说”。儿童具有学习适应后天社会生活的本能，儿童把游戏看成是一种对未来生活的准备，他们在游戏中练习着未来所需要的各种生活技能。④成熟说：博伊千介克则正好与格罗斯相反，认为游戏不是本能，而是一般欲望的表现。认为游戏则是获得自由、发展个体主动性、适应环境三种欲望所引发的。⑤娱乐一放松说：拉扎鲁斯 - 帕特端克的“娱乐一放松说”认为儿童游戏不是发泄过剩精力，而是源于机体的放松需要，是为了恢复精力的一种方式。体力劳动使人肌肉紧张，通过游戏能使人放松，达到休息的目的。⑥功能快乐说：奥地利心理学家彪勒夫妇强调是儿童通过游戏获得机体的满足。游戏不过是让个体的身体功能愉悦。

5. 幼儿阶段的游戏种类有哪些？

①按游戏的主体性分为：主体性游戏和客体性游戏：主体性游戏是指儿童能改变游戏的规则、内容和结果的游戏。主体性游戏更能实现儿童的自我发展，更能促进智力开发；客体性游戏是指儿童对游戏的对象、内容不能加以影响或改变的。在客体性游戏中，儿童也可以发挥自己的主体性。②按游戏目的分为：创造性游戏、教学游戏和活动性游戏：创造性游戏，是由儿童自己想出来的游戏，目的是发展儿童的主动性和创造性；教学游戏，是结合一定的教育目的而编制的游戏；活动性游戏，是发展儿童体力的一种游戏。这类游戏可使儿童掌握各种基本动作，提高儿童的身体素质并培养勇敢、坚毅、合作、关心集体等个性品质。

6. 试述科尔伯格的道德认知发展理论。

科尔伯格将儿童的道德认知发展分为三水平六阶段。

第一水平：前习俗水平。大约在学前至小学低中年级阶段。此水平又分两个阶段：

第 1 阶段：惩罚和服从取向。判断行为的好坏主要根据结果，凡不受到惩罚的和顺从权威的行动都被看作是对的。一个行为造成的伤害越大，或者受到的惩罚越严厉，这个行为就越坏。

第 2 阶段：天真的利己主义。遵从规则是为了获得奖赏，或者实现个人目的。他们开始在一定程度上考虑别人的观点，但是最终是希望能够获得回报。

第二水平：习俗水平。大约自小学高年级开始，此水平又分两个阶段：

第 3 阶段："好孩子"定向。道德行为是为了获得别人的认可、让他人喜欢或者对他人有帮助的好的行为。判断行为会考虑他人的意图，"良好的意图"是非常重要的。

第 4 阶段：法律和秩序取向。在这个阶段，个体开始考虑普通大众的观点，即反映在法律中的社会意志。个体认为，服从法律和社会规则的事情就是正确的。遵守规则不是害怕惩罚，而是基于应该服从法律和规则以维持社会秩序的信念。

第三水平：后习俗水平。大约自青年末期接近人格成熟时开始。此水平又分两个阶段：

第 5 阶段：社会契约定向。个体将法律看作是表达大多数人意愿的工具，人人都有义务遵守社会公认的法律。但是，以牺牲人类权利或尊严为代价的、强加于人的法律，其公正性是可以质疑的，法律作为社会契约是可以反对、可以修改的。

第 6 阶段：普遍的伦理原则。这是道德发展的最高阶段，个体根据符合良心的道德原则来判断对错。这些原则超越了可能与之冲突的任何法律或社会契约。

7. 试述幼儿攻击行为发展的理论。

①精神分析理论认为人生来具有的死亡本能追求生命的终止，从事各种暴力和破坏性活动，是敌意的、攻击性冲动产生的根源。一有时也指向内部，如自我惩罚、自残、甚至自杀。②生态学理论也认为，人有基本的攻击本能。按照洛伦兹（Lorenz，1966）的观点，所有本能都是进化的产物，它保证了物种的生存和繁衍。攻击本能是进化的结果。③新行为主义理论认为攻击行为是作为挫折的结果，认为挫折总是导致攻击行为。因为攻击可以减轻挫折的痛苦；被攻击者发出的痛苦信号成为二级强化物。班杜拉把攻击行为看作是通过直接强化或观察学习习得的。④社会信息加工理论强调了认知在攻击行为中的作用，认为一个人对挫折，生气或明显的挑衅的、反应并不过多依赖于实际呈现的社会线索，而是取决于他怎样加工和解释这一信息。

8. 试述幼儿的性别化发展理论。

（1）认知发展理论：科尔伯格（1966）提出了性别定型的认知理论。科尔伯格认为，儿童的性别认知在其性别角色发展中起着重要作用，儿童必须对性别特征的形成有一定了解之后，才能被社会经验所影响；儿童积极地参与自身的社会化过程，他们并不只是社会影响的被动承受者。儿童首先确立稳定的性别同一性，然后积极寻求同性别的榜样或信息，从而学会让自己像一个男孩或女孩。

（2）性别图式理论："性别图式"是指人们关于男性特点和女性特点的朴素理论观。美国心理学家 Martin 和 Halverson（1981，1987）提出了性别角色的信息加工理论。其假设是，儿童和成人都有关于性别的图式，这些图式直接影响儿童对各种信息的注意、加工和记忆。他们认为儿童的自我社会化在儿童 2.5～3 岁时形成了基本的性别认同时就开始发展，到 6～7 岁时已经发展得很好了。

（3）精神分析学派的性别角色理论：弗洛伊德认为人对某一性别角色的偏好是通过对同性别父母的竞争和认同建立起来的。3～5 岁的男孩为了压抑自己对母亲的渴望，开始逐渐地内化男性化的特质和行为。这种认同能够降低焦虑，解决男孩的恋母情结。而女孩子面对的情况更加复杂，她们憎恨男性的阴茎，自卑和害怕其母亲的报复，这种害怕迫使女孩去认同母亲。女孩对女性化的性别角色的偏好是为了取悦父亲而建立起来的。女孩开始内化母亲的女性化的特质和行为，并最终形成性别定型。

（4）社会学习理论：根据班杜拉等社会学习理论家的观点，儿童获得性别认同和性别角色偏好有两种形式：直接教导（或有区别的强化）和观察学习。父母积极地参与对儿童的性别培养，并且这种培养从很早就开始了。有研究（Fagot&Leinbach，1989）发现，在儿童出生后的第二年，父母就会鼓励儿童与其性别相适宜的行为，并阻止与其性别不一致的行为。在直接教导之外，儿童也会通过观察和模仿多个同性别榜样获得性别的典型特征。包括同性别父母、教师、同伴、哥哥姐姐和传媒人物等。

（5）生物社会理论：生物社会理论认为，生理和社会因素交互地决定着个体的行为和角色偏好（Money&Ehrhardt，1972）。个体的性别偏好在出生前主要是由遗传决定的，出生后就受到遗传和环境的双重作用，但是遗传和生物的因素被认为是更有力的影响因素。

（6）群体社会化理论：群体社会化理论认为家庭对儿童的性别角色影响并不大，角色发展中起重要作用的是同伴群体。根据群体社会化理论，在儿童中期，由于儿童的自我分类，把自己划分到某一性别群体中，导致了这种性别差异的加大，男孩、女孩发展着对比鲜明的性别定型和同伴文化。

（滨州医学院　徐　伟）

第六章　儿童期身心发展规律与特点

一、学习要求

1. **掌握**　儿童期感情和社会性发展以及常见心理问题与干预
2. **熟悉**　儿童期的学习、认知发展和言语发展
3. **了解**　儿童期生理发展

二、重点难点

1. **重点**　儿童期的学习、感情和社会性发展
2. **难点**　儿童期心理问题与干预

三、内容精要

儿童期的个体开始正式进入学校学习，系统的接受学校教育，是个体智能、品德全面发展的重要时期。这个时期儿童的身体发育处于平稳增长阶段，运动技能的发展存在性别差异，男孩的身体力量和协调性优于女孩，而女孩的精细运动和平衡能力优于男孩。儿童思维以形象逻辑思维为主，在发展过程中完成从形象思维向抽象逻辑思维的过渡。入学后儿童的词汇量迅速扩充，发展出各种语用技能。童年期儿童言语发展的主要任务就是语用能力的发展和读写能力的发展。这个时期儿童对承认权威的认知发生转变，从盲目的服从转向批判性的思考。亲子关系从家长控制阶段转移到家长与孩子共同控制阶段。同伴关系经历了三个转折：即低年级小学生处于依从性集合关系期；中年级小学生处于平行性集合关系期；高年级小学生处于整合性集合关系期。小学阶段的学习从直接经验的学习变为间接经验的学习；学生的学习有一定的被动性和强制性。学习环境的变化对小学生的学习动机和学习能力都有重要影响。儿童期常见的心理问题包括学校恐惧症、学习障碍症等，及早发现和及早处理会取得较大的改善。

四、阅读拓展

（一）经典实验

1. 皮亚杰的液体守恒实验　守恒（Conservation）是皮亚杰理论中的一个重要术语，指的是物体某方面的特征（如重量或体积），不因其另一方面的特征（如形状）改变而改变。皮亚杰认为守恒概念的获得是儿童认知水平的一个重要标志。儿童一般要到具体运算阶段（7～11岁）才能获得守恒概念。

皮亚杰等人对儿童的守恒概念作了大量的研究，其守恒实验主要包括液体质量、物体

质量、长度、重量、面积、数量、体积守恒等。这些实验证明，小孩子的能力是有限的，复杂的推算对于他们是比较困难的。我们不能苛求小孩子，我们要尊重他们的心理发展阶段，不要揠苗助长。所有实验当中，液体守恒是最著名的一个。实验开始当着儿童的面向两个大小完全相同的杯A和B中注入相同高度的水，并问儿童两个杯子中的水是否一样多，在得到肯定的答复后，由实验者或儿童将A杯的水倒入另一个较矮且粗的杯子C中，问儿童，A杯和C杯中的水是否一样多。

处于前运算阶段的儿童往往有两种表现，一种是不能达到守恒，他们有集中化倾向，即考虑问题只将注意集中在事物的一个方面，而忽略了其他方面，顾此失彼，造成对问题的错误的解释。如儿童会认为A杯中的水多，因为它高。另一种表现是接近守恒但尚未成功，儿童注意到不同的维度，但不能同时考虑，在心理上感到困惑。如儿童一会儿说A杯中水多，因为它高；一会儿又说C杯中水多，因为它宽。

儿童大概到七岁，进入了具体运算阶段时，能够掌握液体的守恒。他们运用三种形式的论断达到守恒。第一，同一性论断。儿童认为既没增加水，又没拿走水，因此它们是相等的。第二，互补性论断。儿童认为宽度的增加补偿了高度的下降。第三，可逆性论断。儿童认为可将C杯中的水倒回原来的B杯中，因此是相同的。

皮亚杰认为，儿童获得守恒概念是由于儿童出现了可逆的心理运算，所谓运算是一种心理动作，并不需要实际动手操作。儿童完成守恒基本上运用了三个论证。以液体守恒为例，首先儿童会说："实验过程中既没有增加物体，也没有带走任何物体，因此它们还是一样的"。这是同一性论证。第二，儿童会说："这个杯子高一点，但是那个杯子宽一点，因此，它们还是一样的。"这是补偿性论证——变化彼此抵消。第三，儿童会说："它们两者仍然是一样的，因为你可以把这个杯子的水倒回到原来的杯子"。这是可逆性论证。在这些论证下的逻辑运算、心理活动都是可逆的。当某个儿童主张一只杯子的变化为另一只杯子的变化所抵消时，他明白最后的结果是对原来总量的回复或倒转。同样，儿童认为，若把水倒回去，就暗示我们把这个过程逆转了。

2. 儿童期学习发展实验——地球是什么形状的?

希腊教育心理学家斯特拉·沃斯尼阿多和威廉·布鲁尔（Stella Vosniadou，William Brewer，1992）曾经进行过一项经典的儿童心理学实验，实验的依据是认知心理学科当中一种叫做"心理模型"的理论，这种理论认为个体在认知一件事物的时候，会先在其内心构造出一种心理模型，这种模型会帮助我们解释某件事情的原理，然后测试这个模型，以获得对于周遭的认识。Vosniadou 和 Brewer 希望从这些心理模型的中间点中找出证据说明理解的发展过程。

实验的被试是6～11岁的孩子。共有60人。每个孩子需要回答48个问题，这些问题由易到难，用以了解孩子有关地球的心理模型。

实验过程中很多孩子描述地球是圆形的，但是研究者发现他们对这个问题的理解各有各的心理模型。比如，如果主试问他们如果每天在地球上朝着同一个方向走路会怎样？很多孩子回答说会掉下去；有些孩子会回答说掉到其他的星球上；还有孩子说虽然地球是圆的，但我们住在地球里面的某一个平面上。

一开始的时候，孩子们的这些答案看起来毫无规律可言，好像是他们自己想象出来的。但随着深入提问，被试者会给出一个明确的回答模式。

①六十分之一的被试认为地球是一个平的长方形，人们可能掉下去。

②六十分之一的被试认为地球是一个平的盘子，人们可能掉下去。

③十五分之二的被试认为自然界有两个地球：其中一个是平的，就是我们现在站着的“地球”；而另一个在天上的“地球”是圆的。

④五分之一的被试认为地球时空心的，人们住在地球内部的一块平地上。

⑤十五分之一的被试认为地球是个铺平的圆球，人可以在其中生活。

另外，随着孩子年龄的增长，越来越多的孩子认为地球是一种球状的常态，剩下六十分之十一的孩子或者是没有给出统一的答案，或者难以归纳出一种模型。

实验结果证实人们需要一个过程来接受一个全新的概念。实践经验告诉我们，地球一定是圆的；之后我们被告之地球大概是个球形，这时候我们尽力改造之前的心理模型，但随着时间推移我们陷入了两难境地。

孩子们在日常得来的固有思维是他们学习新知识的障碍，比如，日常实践证明地球是平的，如果他们不能改变这种固有认知，他们就很难接受地球是球形的全新思维，因此只能从自己的理解出发，混淆概念，引发出许多的奇思妙想。由于从个人经验得出的固有思维很顽固，因此就算是全新的证据放到面前，很多时候也很难改变，因此，对孩子们来讲学习新知识最难的就是放弃已有的观念，重建“心理模型”的过程。

（二）经典案例

超常儿童的培养

案例1　20世纪初，德国的卡尔·威特是当地著名的神童，他4岁会阅读文字，8岁同时懂德、意、法、英、希腊文及拉丁文六国语言，在他的父亲老卡尔·威特的培养下，小卡尔9岁进入莱比锡大学学习深造，14岁就拿到了博士学位，16岁到柏林大学工作，任法学教授。老卡尔的教学方法非常独特，他对儿子的教育强调知识面的广泛，虽然不要求其对每个知识点理解透彻，但是教育的内容涉及多个领域。老卡尔的教育目的是为了让此种教育方法得到外界的关注，特别是吸引住富豪们的注意力。最终，他的目的达到了，有大富翁愿意赞助小卡尔上大学，而老卡尔的著作《卡尔威特的教育》也成为当时风靡一时的教育范本。但是对于当代家长来说，尝试这种教育方法需要特别的谨慎，除非你和老卡尔一样希望自己的孩子引人注意，成为自己炫耀的资本。此种教育方法的弊端也在小卡尔的身上显露无遗，他在18岁之前都不知道自己究竟对什么感兴趣，即使最后发现自己对但丁研究感兴趣，但是也对自己的研究领域身不由己，无法真正投入其中，因为他的父亲一直反感文学一类的研究，他对儿子的选择盛怒不已，认为其在虚度时光，浪费自己的时间和才华。此种教育方法造就不出真正的学者和大师，也从一定程度上剥夺了孩子的幸福感，这样的经历跟我国许多应试教育体制下培养出来的学生简直如出一辙。

案例2　19世纪初，美国出现了一个著名的神童维尼夫雷特，她1岁能背诗，会识字，2岁能记日记，3岁会作诗，4岁能写剧本，5岁能讲8国语言，并已经在多家报刊上发表自己的作品。她的母亲斯特娜成为了当时著名的教育学家，她写出了融合自己教育理念的书籍《斯特那夫人自然教育法》，并且特意开设了自己的出版公司，为此四处奔波演讲推销自己的书籍，最终名利双收。而她的女儿维尼在做了其母亲多年的教育傀儡之后，只留下了一句“对于儿童来说最可怕的事情就是被当作证明某种教育理念的工具”之后便消失在人海之中。看得出她对于母亲对自己命运的安排厌恶至极，最终选择了离开，选择了重新开始自己全新的生活，此时她刚刚28岁，一个天才就此夭折。她在逃走前曾反思道：“世间没有什么事情比把一个早熟儿童树为榜样，并预言他会在任何时间，所有方面都出类拔萃更加可怕的事情了。”也许，我们应该庆幸她的逃离，否则她的一生很难获得真正的幸福。

案例3 美国另外一位著名神童西迪斯，在他出生不久其父母就开始教他认字，他的父亲在他的摇篮周围挂上了各种字母，每天读给他听，指给他看。在这种教育训练下，小西迪斯六个月就能认字，三岁时能流利的读写。他6岁进入小学一年级学习，之后直接升入三年级就读，并在当年拿到小学毕业证书，11岁时考入哈佛大学。根据小西迪斯的教育经验，他的父亲老西迪斯写出了《俗物与天才》一书，并且宣称小西迪斯是有史以来智商测量分数最高的天才。但是就是这样一个天才最终走到了心理崩溃的边缘，因为他的父亲热衷于和各种媒体枪舌论战，并且一次次将小西迪斯推向舆论的风口浪尖，在这种巨大的心理压力下，西迪斯精神濒于崩溃，而其父亲却对儿子的心理问题不闻不问，最终斯蒂斯不得不退学回家疗养，并于28岁时放弃数学学业、46岁时死于脑溢血，英年早逝。

案例分析：

由以上案例我们可以看出神童的生活并不像人们想象的那样美好和令人羡慕，上帝是公平的，所谓的神童只是在某一方面表现出过人的能力，他们身上也同样存在着一些固有的缺陷。像西迪斯等神童存在着书写困难的问题，有的视力差劲，甚至不能平稳的行走，与此同时，很多神童往往表现出一些人格上的缺陷，如性格自闭，不和同龄人交往等。因此，家长在对孩子培养的过程中，一定要摆正心态，千万不可急功近利，特别是不能将孩子的教育成果当作自己炫耀的资本，因为一个人的全面发展，身心健康才是成才的最重要保证。

五、巩固习题与答案

（一）单项选择题

1. 儿童期指的是（　　）岁期间

A. 6～12　　B. 7～12

C. 6～11　　D. 7～11

2. 大约（　　）岁左右，儿童肺的发育经过了第二次“飞跃”

A. 9　　B. 10

C. 11　　D. 12

3. 儿童期所有皮层传导通路的神经纤维，在（　　）岁末时几乎都已髓鞘化

A. 6　　B. 9

C. 11　　D. 12

4. 所谓观点采择指的是（　　）

A. 评价他人观点　　B. 感受他人观点

C. 认同他人观点　　D. 采取他人观点来理解他人

5.（　　）以上儿童基本上可以自发地运用记忆策略

A. 8岁　　B. 9岁

C. 10岁　　D. 11岁

6. 超常儿童一般指智商达到（　　）以上的儿童

A. 110～120　　B. 120～130

C. 130～140　　D. 140～150

7. 下列**不属于**学习障碍症状的是（　　）

A. 智力低下 B. 活动过度
C. 注意力缺损 D. 阅读障碍

8. ( )是言语发展的高级阶段
A. 书面言语 B. 内部言语
C. 阅读言语 D. 口头言语

9. ( )是儿童掌握书面言语的理解阶段
A. 识字 B. 写作
C. 阅读 D. 背诵

10. 儿童的思维由具体形象性到抽象逻辑性的过渡的“关键年龄”通常约为( )
A. 7岁 B. 9岁
C. 10岁 D. 11岁

11. 延迟满足实验是了解儿童( )的重要研究手段
A. 自我调节能力 B. 自我监督能力
C. 自我控制能力 D. 自我保护

12. ( )的研究采用两难故事设计，考查儿童观点采择能力
A. 皮亚杰 B. 塞尔曼
C. 埃里克森 D. 维果斯基

13. 12岁儿童脑重为( )，达到了成人的平均脑重量
A. 1280克 B. 1350克
C. 1400克 D. 1450克

14. 儿童注意范围为平均只能看( )客体
A. 2～3个 B. 4～5个
C. 1～2个 D. 5～6个

15. ( )岁可能是儿童理解会话含义的重要的转折时期
A. 6 B. 9
C. 10 D. 11

（二）多项选择题

1. 儿童期的大运动技能包括( )
A. 走 B. 跑
C. 跳 D. 爬

2. 儿童期是语文能力的发展主要表现在( )
A. 听 B. 说
C. 读 D. 写

3. 儿童期情绪发展特点( )
A. 情绪稳定性强 B. 情绪可控性强
C. 情绪体验内容大 D. 情绪爆发力强

4. 学习障碍具备的特征是( )
A. 排除性 B. 缺陷性
C. 差异性 D. 集中性

5. 小学儿童写作能力的发展一般要经过哪几个阶段( )

A. 口述阶段　　B. 过渡阶段
C. 独立写作阶段　　D. 系统化阶段

6. 儿童概括能力的发展包括以下哪几个水平（　　）
A. 直观形象水平　　B. 初步本质抽象水平
C. 形象抽象水平　　D. 逻辑推理水平

7. 儿童期的自我评价发展表现出哪些趋势（　　）
A. 独立性不断增强　　B. 批判性不断提高
C. 广泛性不断扩展　　D. 稳定性逐渐增长

8. 儿童对汉字的感知经历哪些发展阶段（　　）
A. 图形化加工阶段　　B. 分析性加工阶段
C. 精细加工阶段　　D. 自动化加工阶段

9. 儿童注意品质的发展包括（　　）
A. 注意稳定性　　B. 注意范围
C. 注意分配　　D. 注意转移

10. 父母对儿童控制过程经历的阶段包括（　　）
A. 父母控制阶段　　B. 共同控制阶段
C, 儿童控制阶段　　D. 父母调整阶段

（三）名词解释

1. 观点采择
2. 自我意识
3. 学习兴趣
4. 校园欺凌
5. 学习障碍

（四）简答题

1. 童年期记忆发展的主要特点有哪些？
2. 儿童概念的发展主要体现在哪些方面？
3. 塞尔曼关于儿童角色采择能力的发展阶段的基本观点是什么？
4. 同伴关系对儿童发展的作用有哪些？
5. 校园欺凌的特点有哪些？

（五）论述题

1. 童年期儿童思维发展的一般特点是什么？请结合教学实践谈谈如何培养儿童的思维品质。

2. 结合实践谈谈儿童期常见的心理问题及干预方法。

六、参考答案

（一）单项选择题

1. A　2. D　3. A　4. D　5. C　6. D　7. C　8. B　9. A　10. C
11. C　12. B　13. C　14. A　15. A

（二）多项选择题

1. ABCD　2. ABCD　3. ABC　4. ABCD　5. ABC　6. ABC　7. ABCD　8. ABD

9. ABC　10. ABC

（三）名词解释

1. 观点采择：采取他人的观点来理解他人的思想与情感的一种必需的认知技能，这是与儿童社会经验有关的认知发展的技能。

2. 自我意识是指个体对其自身特点的意识，是个性结构的重要组成部分。

3. 学习兴趣是指在学习活动中产生的，是学习动机中最活跃的因素，能够使学习活动富有成效。

4. 校园欺凌是儿童之间在学校的学习和生活中经常发生的一种特殊的攻击性行为。

5. 学习障碍：儿童在学龄早期，同等教育条件下，出现学校技能的获得与发展障碍。

（四）简答题

1. 童年期记忆发展的主要特点有哪些？

（1）有意识记超过无意识记成为记忆的主要方式；

（2）意义记忆在记忆活动中逐渐占主导地位；

（3）词的抽象记忆的发展速度逐渐超过形象记忆。

2. 儿童概念的发展主要体现在哪些方面？

（1）小学儿童概念的逐步深刻化；

（2）小学儿童概念的逐步丰富化；

（3）小学儿童概念的逐步系统化。

3. 塞尔曼关于儿童角色采择能力的发展阶段的基本观点是什么？

（1）水平0（3～6岁）：未分化的观点采择；

（2）水平1（4～9岁）：社会信息的观点采择；

（3）水平2（7～12岁）：自我反省的观点采择；

（4）水平3（10～15岁）：第三方的观点采择；

（5）水平4（14岁以后）：社会观点采择。

观点采择能力的发展存在着较大的个体差异。大多数小学生发展了反省思维能力，处于水平2，但也有少数处于水平1或水平3。

4. 同伴关系对儿童发展的作用有哪些？

（1）同伴关系是儿童学习社会技能的主要途径；

（2）同伴关系会影响到儿童对学校的态度，会影响到儿童整个学校生活的质量；

（3）同伴关系会影响儿童学习的效果；

（4）同伴关系会对儿童对个性发展产生影响。

5. 校园欺凌的特点有哪些？

（1）校园欺凌与年龄的关系

（2）校园欺凌与性别的关系

（3）校园欺凌与学校的关系

（4）校园欺凌的形式多样

（5）校园欺凌的严重后果

（五）论述题

1. 童年期儿童思维发展的一般特点是什么？请结合教学实践谈谈如何培养儿童的思维品质。

儿童思维经历一个思维发展的质变过程，幼儿期以具体形象思维为主导，经过儿童期就进入以形象逻辑思维为主导的阶段。但是，这一时期的思维模式仍然不能摆脱形象性的逻辑思维，儿童期的逻辑思维在很大程度上受思维具体形象性的束缚，尤其是小学低年级或三年级以下，他们的逻辑推理需要依靠具体形象的支持，甚至要借助直观来理解抽象概念。在解决问题的思维活动中，往往是抽象逻辑思维与具体形象思维同时起作用，在两者的相互作用中抽象逻辑思维逐渐发展起来。另外，10 岁左右，及小学四年级是形象思维向抽象逻辑思维过渡的转折期，也有研究指出这个重要阶段的出现具有伸缩性。根据教学条件，可以提前到三年级或者延缓到五年级。

（1）思维敏捷性的发展：由于童年期儿童的知识结构、技能技巧及思维结构水平都在不断提高，因而其运算速度也在逐渐提高。因此教师在教学过程中，可以利用速算训练、快速问答训练等来培养儿童思维的敏捷性。另外，可以引导学生通过温故知新，将新知识纳入原来的知识系统中，这样既丰富了知识，开阔了视野，思维也得到了发展。

（2）思维灵活性的发展：儿童的智力活动水平随着年龄的增长不断提高，思考问题的思路也不断得到扩展，思维不再局限于某一个框架内。因此，教师在组织教学的过程中可以通过反复的说理训练，以便达到较好的教学效果，这样既加深了学生对知识的理解，又可以推动其思维能力的发展。

（3）思维深刻性的发展：儿童在学习数学基础知识的过程中，教师应该注重加强学生对概念、法则、定律知识内容的掌握，这也是对学生进行初步的逻辑思维能力培养的重要手段。10 岁左右是儿童在运算过程中思维深刻性发展的一个转折点，教师教学过程中应该多加注意，积极引导。另外，教学过程中对儿童说话的训练和解题的条理性的训练，都有助于儿童思维深刻性的发展。

（4）思维独创性的发展：实践证明，儿童的思维能力只有在思维的活跃状态下，才能得到有效的发展。因此，教师在教学过程中应该精心设计问题，善于提出一些富有启发性的问题，激发学生思维和想象力，最大限度地调动学生的积极性和主动性。

2. 结合实践谈谈儿童期常见的心理问题及干预方法。

（1）学校恐惧症

学校恐惧症（school phobia）是儿童恐惧症的一种亚型，是指儿童对学校有强烈的恐惧感，回避老师和同学，患儿上学前诉说自己有头痛、腹痛等不适，并伴有焦虑或抑郁情绪。

1）临床表现：最初的表现是儿童上学感到很勉强，很痛苦，该去上学的时候不去或提出苛刻的条件。有的儿童在上学当日清晨诉说头痛、头晕、腹痛、腹泻、呕吐等不适，有的在上学的头一天晚上就表现腹痛。当强制他们去上学时会出现强烈的情感反应，焦虑不安，痛苦、喊叫、吵闹等，任何保证、安抚和物质上的好处均不能吸引他们同意去上学，有的儿童甚至宁愿在家受皮肉之苦也不愿去学校。当他们在家看书或和伙伴们游戏时，一切都正常。

2）诊断标准：①去学校产生严重困难；②严重的情绪焦虑；③父母知道他们在家；④缺乏明显的反社会行为。典型病例诊断不难，而是对早期辨别存在一定困难，尤其开始以腹痛、呕吐、头晕、头痛为主诉者往往不易想到与情绪恐惧有关，而反复以躯体病进行诊治。若能详细询问其症状发作的时间与特点，与情绪、学习等的关系，想到本病的可能，即不易误诊。

3）干预：在正确诊断校园恐惧症的基础上，应该对其进行治疗，减轻患儿焦虑恐惧情绪，让他们尽早返回学校。①药物治疗对有精神病性的重症患儿适当地给予抗抑郁药和抗焦虑药。②支持性心理治疗需要医师、家庭和学校三方面充分合作。③家庭心理治疗儿童的心理健康状况除生物学影响外，与家庭尤其父母的个性心理特征、心理健康水平、教育抚养方式有密切关系。

(2) 学习障碍

学习障碍是指儿童在学龄早期，同等教育条件下，出现学校技能的获得与发展障碍。

1) 基本特征：①差异性；②缺陷性；③集中性；④排除性；⑤可逆性；⑥贯穿性。

2) 临床表现：①阅读障碍指阅读能力大大低于其年龄和智商水平，表现为不能正确辨认字母、单词或按逆方向阅读，不能将字母的发音联系起来加以朗读。其理解能力差，语言能力差。②计算障碍指儿童加减乘除的运算能力差，心算能力差。平时完成数学作业困难。③拼音障碍表现为不能正确地拼出音节，对某些字母或音节发音特别困难，伴有视觉空间障碍。④书写障碍指儿童难以把事物形象地画出来或把看到的词写下来，这种现象是运动功能协调不佳的结果。⑤交往障碍指儿童由于学习技能方面的障碍，而经常遭到同学的嘲笑和捉弄。因此，这类儿童是很难主动与人交往的，社交能力很差。

3) 诊断标准有 5 条：①特定的学习技能损害必须达到临床显著的程度，如阅读、拼音、计算等有一种以上的学习技能障碍；②没有明显的智力问题，智商在 70 以上；③学习困难是在上学最初几年已经存在，而不是学习后期学业失败引起的；④没有任何外在因素可充分说明其学习障碍；⑤不是任何视听损害或神经系统损害的直接结果。

4) 干预：①行为干预；②认知行为干预；③同伴指导；④神经系统功能训练；⑤药物治疗。

（上海市教育科学研究院 赵 岩）

第七章　少年期身心发展规律与特点

一、学习要求

1. **掌握**　少年期思维发展的特点；情绪发展的特点、反抗心理产生的原因及表现；自我同一性的发展。

2. **熟悉**　早熟与晚熟对心理发展的影响；少年期学习活动的特点；信息加工的变化；自我意识的发展变化；少年期与同伴及成人关系的变化；少年期面临的心理社会问题。

3. **了解**　青春期的生理巨变；脑发育与发展；少年期元认知的变化；少年期道德的发展。

二、重点难点

1. **重点**　少年期思维发展的特点；情绪发展的特点、反抗心理产生的原因及表现；自我意识的发展。

2. **难点**　自我同一性的发展。

三、内容精要

少年期是生理上的青春期阶段，一般指 11、12 岁到 15、16 岁的时期。该时期生理发育迅猛，出现了第二性征，但心理发展比较滞后，使得个体心理发展呈现矛盾性特点。少年期的学习内容逐步深化、学科知识逐步系统化，抽象记忆显著提高，抽象思维开始占主导地位，根据假设来进行逻辑推理，能运用形式运算来解决问题，其抽象逻辑思维从经验型向理论型过渡，思维的自我中心性再度出现，元认知也得到了发展。少年期的情感丰富，但不够稳定，具有半外露、半隐蔽性，性意识方面进入了异性的共同接近期。少年期的自我意识高涨，具有强烈的成人感，并进入了第二反抗期。人际交往方面主要体现在同伴、师生和亲子方面，而朋友在少年的生活中非常重要，父母和老师的榜样作用逐渐下降，亲子冲突增加。少年时期是从半幼稚、半成熟状态走向独立的过渡，容易产生一系列心理行为问题，主要表现在情绪问题、品行障碍、网络成瘾问题等方面。

四、阅读拓展

1. [美]戴安娜·帕帕拉，萨莉·奥尔茨，露丝·费尔德曼 著 . 李西营等译 . 申继亮审校 .《发展心理学》第 10 版上册 . 从生命早期到青春期 . 北京：人民邮电出版社，2016.

《发展心理学》第 10 版是发展心理学教科书中颇具代表性的作品。该书以时间顺序依次描述了生命历程中每个阶段个体的生理、认知和社会性发展，全书共 19 章，分为 9 编。根据学科特点，按照个体生命全程的发展阶段将本书分为上下两册，上册包括前 5 编，共 12 章，讲述了从生命早期到青春期的生理、认知和社会性发展，相当于一部完整的“儿童心理学”。

该书第一编包括1、2章，概述了发展心理学的发展历史、基本概念、理论和研究方法。第二编包括3～6章，描述生命最初三年的发展，包括遗传和环境因素的影响、胎儿的发育、分娩，以及婴幼儿的生理、认知和心理社会的发展。第三编包括第7、8章描述了童年早期（3～6岁）生理心理的发展，包括思维的自我中心性、游戏对心理发展的影响等。第四编包括第9、10章，描述了童年中期（6～11、12岁）各方面的发展，如思维自我中心性逐渐消退，逻辑性开始发展，同伴的作用等。第5编包括11、12章，描述了青少年的发展状况，青春期生理剧变，性发展逐渐成熟；抽象思维能力进一步发展，自我中心性再度出现；其发展任务是探索自我同一性，性别认同，同伴团体对自我概念发展的影响。

该书在编排方式以人为本，以读者为中心，学习地图便于读者把握本章内容的整体轮廓，“学习指路标”可以激发读者的学习动机，“学习检查站”可以达到学习后的自我反馈的目的。

2. [美]David R. Shaffer & Katherine Kipp 著 . 邹泓等译 .《发展心理学》- 儿童和青少年 第八版 . 北京：中国轻工业出版社，2013.

本书作者 David R. Shaffer 教授执教于美国乔治亚大学，长期从事人类发展和社会心理学的教学与研究工作，1990年获得乔治亚大学的最高教学奖。《发展心理学》儿童和青少年第八版增加了作者 Katherine Kipp 教授，她执教于 Gainesville 州立大学心理系，曾任教于乔治亚大学，专长于发展心理学和认知 / 实验心理学。

该书不同于以往多数发展心理学教材，采用了按照发展主题为主线，即围绕发展的领域，按主题并沿着每个发展领域从起源到成熟的主线来组织教材。整体内容结构包含五个部分，第一部分介绍发展心理学的理论和研究，突出发展理论和研究方法，并介绍发展心理学研究的四大主题，包括天性与教养、主动性、连续性与阶段性、发展的整体性。第二部分阐述发展的生物学基础，包括基因和环境对人类的影响，产前、胎儿期、新生儿的发展，着重于身体发育和心理发展之间的关系。第三部分是认知的发展，主要介绍语言、学习能力和智力的发展，除传统的皮亚杰的认知发展理论和维果斯基的社会文化理论，还介绍当今智力发展的主导模式一信息加工理论。第三部分聚焦于社会性和人格发展，包括情绪情感、自我概念、社会认知和人际理解、性别角色、道德发展等。第五部分是发展的生态学，着重于布朗芬布伦纳的生态系统模型，包括现代媒体电脑和网络对个体发展的影响。

该书除了内容结构的特色之外，还采用专栏、概念核查、章小结等方式，便于对于一些重要概念和发展的掌握、思考、应用和实践。

经典案例

“两难故事”

在道德形成的研究历史上，两位最著名和最具影响力的人物是皮亚杰（Jean Piaget）和科尔伯格（Lawrence Kohlberg）。科尔伯格在芝加哥大学所做的研究综合并拓展了皮亚杰关于智力发展的很多观念，且重新激起了人们对该领域的研究兴趣。像其他人在过去所做过的一样，科尔伯格也提出了这样的问题：没有是非观念的婴儿是如何形成道德准则的？

科尔伯格认为“儿童能够内化其父母以及其文化背景的道德价值观，而且只有当他逐渐把这些价值观与他已理解的社会秩序以及他作为一个社会自我的目标联系起来时，儿童才能将上述道德价值观内化为他自己的一部分”（科尔伯格，1964）发展水平。

科尔伯格提出道德形成遵循一定的发展阶段的理论假设。1）每个阶段都有一种独一无二的道德思维方式，而且不是对成人道德概念理解的逐渐深化；2）各阶段总是以固定的顺序出现，不可能跳过任何一个阶段，也绝对没有倒退的情况出现；3）阶段具有优势性，即儿童理解所有处于他们现有道德阶段以下的道德判断，且至多只能对他们所处阶段以上一个阶段的道德问题有某种程度理解。鼓励、教育和练习都不能使儿童向高于他们应有阶段的道德阶段发展。而且，儿童喜欢以他们所达到的最高道德发展水平来对事物进行判断。隐含在这一道德发展阶段中的规则是：无论个体之间是否存在经验和文化上的差异，发展阶段都是具有普遍性的，且它们以固定的顺序向前发展。

科尔伯格采用两难故事法研究道德推理。他向不同年龄的儿童提供 10 个假定的道德两难故事。每位儿童需要接受 2 个小时的关于这些故事的访谈。研究者对访谈进行录音，以便对儿童所使用的道德推理进行进一步地分析。下面是科尔伯格的两难故事中为人引用次数最多的两则：

“弟弟的难题”：乔的爸爸许诺说，如果乔挣够了 50 美元便可以拿这笔钱去野营。但后来他又改变了主意，让乔把所挣得的 50 美元都交给他。乔撒谎说只挣了 10 美元，他把 10 美元交给了爸爸，拿另外的 40 美元去野营。临走之前，乔把挣钱和向爸爸撒谎的事告诉了他的弟弟阿里克斯。阿里克斯应该把事情的真相告诉他的爸爸吗？

“海因茨的难题”：在欧洲，一位妇女因患有一种特殊的癌症而濒于死亡。医生们认为只有一种药或许能挽救她的生命。那是她所在镇上的药剂师最新研制的一种镭。这种药的成本昂贵，而且这位药剂师向购买者索要 10 倍于成本的高价。他花了 200 美元制造“镭”，但在售出时，一小丸镭他就卖 2000 美元。这位病人的丈夫叫海因茨，他向他认识的所有人都借了钱，但在最后他也只能借到 1000 美元，仅仅够药价的一半。他向药剂师恳求说他的妻子快死了，求求他便宜一点卖给他或者允许他以后再支付另一半的钱。但药剂师却说：“不行，我研制该药的目的就是为了赚钱。”所以，海因茨绝望了，他后来闯进了药店，为他的妻子偷了治病的药。海因茨应该这样做吗？

科尔伯格最初的被试是居住在芝加哥郊区的 72 名男孩。这些男孩分属于三个年龄组，即 10 岁、13 岁和 16 岁。每个年龄组中有一半被试来自社会经济条件处于中下水平的家庭，而另一半则来自社会经济条件处于中上水平的家庭。在 2 个小时访谈中，这些孩子表达的道德观点从 50～150 个不等。

下面是科尔伯格引用的 4 名不同年龄的儿童面对道德两难情境时做的反应：

丹尼（Danny），10 岁，关于“弟弟的难题”的回答：“一方面，他应该告诉爸爸事情的真相，否则的话，他的爸爸或许会生他的气，甚至会打他的屁股。另一方面，也许他应保持沉默，否则他的哥哥会揍他。”

安第（Andy），13 岁，关于“弟弟的难题”的回答：“如果我爸爸事后发现了真相，他将不会再信任我；我的哥哥也会这样。但如果弟弟不说出真相，我也不会觉得有什么不好。”

道恩（Don），13 岁，关于“海因茨难题的回答”：是药剂师的错。他是不公道的，索要高价却不顾别人的死活。海因茨爱他的妻子，想救她。我认为任何人都会这么做的。我相信他不会被关进监狱。法官会全面看待这场官司并明白药剂师是漫天要价。”

乔治（George），16 岁，关于“海因茨难题的回答”：“我不这样看，因为药剂师有权决定药的价格。我不能说海因茨确实做对了，尽管我猜想任何人都会为了妻子而这么做。他宁愿进监狱也不愿看到他妻子死去。在我看来，他有正当的理由这么做，但从法律的角度看，他是错的。至于究竟是对是错我不能发表更多的意见。”

基于这些陈述，科尔伯格和他的同事界定了六个道德发展阶段，并把孩子们的所有陈述分别归入其中某一个发展阶段。此外，被试做出道德判断的动机也有 6 种类型，它们与每个阶段一一对应，每个道德推理阶段都可以普遍适用于儿童可能面临的任何情境。尽管道德发展阶段无法预测一个儿童面对真实的两难处境时所采取的特定行动，但却能预测该儿童在决定一个行动所进行的推理过程。

科尔伯格把这六个发展阶段分成三种道德水平。道德观念发展的早期称为“前道德水平”，该水平的特征是以自我为中心，看重个人利益。它包括最初的两个阶段：在第一阶段，儿童认识不到他人的利益，其道德行为是出于对不良行为将要受到惩罚的恐惧。在第二阶段，儿童开始意识到别人的利益和需要，但他们的道德行为是为了得到别人回报同样的道德行为。这时，良好行为的本质是儿童为了满足自身需要而对情境施行的控制。

在道德发展到第二种水平时，习俗道德作为人际关系中个体角色认知的一部分开始发挥作用。它包括第三和第四阶段：在第三阶段，儿童的道德行为是为了达到他人对自己的期望并维持与他人之间的信任和忠诚的关系，儿童开始关注他人的感受。第四阶段，儿童开始意识到法律和秩序的存在，并表现出对法律和秩序的尊重。在此阶段的儿童从更大的社会系统的角度看待事物，并以行为是否遵纪守法为衡量好公民的尺度。他们对现有的社会秩序表示认同，并认为遵守法律的行为都是好的。

当一个人进入第三种水平时，他的道德判断开始超越现有的法律，进入后习俗水平，包含第五和第六阶段：在第五阶段，人们开始承认某些法律比另外一些法律好。现实中有合情不合法的事，也有合法不合情的事。处于此阶段的个体仍相信，为了维护社会和谐人们应该遵守法律，但他们也会通过特定的程序寻求对法律的修正。这一阶段的人在尝试调和道德和法律时将面临冲突。

最后，如果一个人达到了第六阶段，他或她的道德判断将建立在对普遍道德行为准则的信仰之上，当法律与道德准则相冲突时，个体将依据他 / 她的道德准则做出决策而不考虑法律。决定道德的将是个体内在的良心。科尔伯格在本篇论文的研究以及以后的其他研究中均发现，只有极少数人能够完全达到第六阶段。他最后认为，这种道德推理水平只能在具有道义感的伟大领导者身上发现，比如圣雄甘地（Gandhi）、梭罗（Thoreau）、以及马丁·路德·金（Martin Luther King）等。

科尔伯格的道德推理研究阐明了儿童是如何以一系列可预测的有序阶段来对他周围的世界进行积极的道德构建的。对儿童而言，这一过程不应被简单地视为成人通过口头解释和惩罚使其道德准则同化和内化，而应被视为一种儿童与社会和文化环境相互作用而发展起来的道德认知结构。

五、巩固习题与答案

（一）填空题

1. ________是性成熟的标志。

2. 在皮亚杰的理论中，________可以进行假设推理的形式运算能力。

3. 对于哲学中“物质”概念，少年期不能正确理解，常与生活或物理学中看得着、摸得着的“物质”混为一谈，说明少年期抽象思维属于________型。

4. 初中________是逻辑思维发展的关键期。

5. ________和________体现出少年期思维发展的自我中心性。

6. 信息加工论理论认为少年期认知能力发展的主要原因在于____的发展。
7. 少年期情绪的两极性表现在________、________、________。
8. 青春期反抗方式表现为________、________、________。
9. ________是自我意识发展的第二次飞跃期。
10. 埃里克森的理论认为青少年主要的发展任务是________。
11. 同一性的四种状态为________、________、________、________。
12. 皮亚杰和科尔伯格都强调，________对道德发展有重要作用。
13. ________是科尔伯格习俗道德的认知前提。
14. 少年期亲子关系由原来________的关系转变为________的关系。
15. 品行障碍的主要表现为________、________、________。

（二）单项选择题

1. 下列关于青春期的描述**错误的**是（　　）
   A. 身体外形急速变化　　B. 心肺功能增强
   C. 性的发育和成熟　　D. 个体生长发育的第一高峰期
2. 青春期心理发展的矛盾主要来自于（　　）
   A. 心理发展快于生理发展
   B. 生理发育快于心理发育，身心处于非平衡状态
   C. 心理发育跟不上周围环境的变化
   D. 心理发育速度过快而社会交往发展相对滞后
3. 导致青春期烦躁的主要生理因素是（　　）
   A. 身高　　B. 体重
   C. 性　　D. 认知
4. 脑的发展有两个加速期，一个是在 5～6 岁，另一个是在（　　）
   A. 小学一年级　　B. 小学四年级
   C. 青春期　　D. 成年早期
5. 早熟与晚熟对于个体的影响，下列哪一项是**错误的**（　　）
   A. 早熟男孩相对晚熟男孩更具社会优势
   B. 早熟男孩更易体验到焦虑
   C. 早熟女孩相对处于不利地位
   D. 晚熟女孩更易被同伴接受
6. 下列对初中生思维品质特点的描述**错误的**是（　　）
   A. 抽象逻辑思维从理论型向经验型过渡
   B. 批判性显著增加
   C. 可以根据假设进行逻辑推理
   D. 自我中心性再度出现
7. 初中生在公众场合，感觉自己像在舞台上表演，周围的人们都是自己的观众，关注着自己的一言一行，这种现象体现出了青春期个体思维发展的（　　）
   A. 具体性　　B. 自我中心性
   C. 形象性　　D. 批判性
8. 认为自己是特别的，自己的经历是独特的，规则是用来约束除自己以外的其他人的，

这种思维方式体现出了青春期个体思维发展的（　　）

A. 具体性　　B. 批判性

C. 形象性　　D. 自我中心性

9. 下列哪一项**不属于**初中生情绪发展的特点（　　）

A. 强烈、狂暴性与温和、细腻性共存　　B. 可变性与固执性并存

C. 内向性和表现性共存　　D. 反抗性与依赖性共存

10. 少年期的情绪表达时而隐藏内心，时而又会带有表演的色彩，体现出其情绪的哪一项特点（　　）

A. 强烈性与温和性共存　　B. 可变性与固执性并存

C. 内向性和表现性共存　　D. 反抗性与依赖性共存

11. 少年在解决难题后产生的兴奋感，遭受失败时的挫折感，体现出下列哪一种情感（　　）

A. 道德感　　B. 理智感

C. 美感　　D. 成就感

12. 将青少年从家庭独立的过程称为“心理断乳”的学者是（　　）

A. 米德　　B. 普莱尔

C. 霍尔　　D. 何林渥斯

13. 下列关于反抗心理产生的原因**错误的**是

A. 自我意识高涨　　B. 中枢神经系统的兴奋性低

C. 独立意识的增强　　D. 家庭的不和谐因素

14. 少年以一种态度强硬、举止粗暴的方式来对抗外在力量，反抗行为发生得十分迅速，这种反抗行为的表现为（　　）

A. 硬抵抗　　B. 软抵抗

C. 反抗迁移　　D. 反抗内化

15. 埃里克森认为，青少年期人格发展的主要任务是（　　）

A. 自主感　　B. 亲密感

C. 同一感　　D. 勤奋感

16. 当青少年思索自己今天的样子，试着决定“自己会成为什么样的人”的时候是出现了哪种心理活动（　　）

A. 与他人距离失调　　B. 否定的同一性选择

C. 同一性危机　　D. 选择的回避和麻痹状态

17. 青春期男女同学之间的关系变化模式是（　　）

A. 先接近，后疏远　　B. 先疏远，后接近

C. 先隐蔽，后公开　　D. 先公开，后隐蔽

18. 下列对青春期个体与父母的关系表现**错误的**是（　　）

A. 父母的榜样作用依旧　　B. 对父母的依赖性相对减少

C. 反对父母的干涉与控制　　D. 亲子冲突大量增加

19. 下列哪项是少年期友谊发展的基础（　　）

A. 心理相似　　B. 共同活动

C. 忠诚和私密分享　　D. 地理位置

20. 关于网络成瘾者个性的描述，下列哪项是**错误的**（　）

A. 缄默、孤独　　B. 自律性、自制性差

C. 回避行为和焦虑　　D. 发展需求过度满足

（三）简答题

1. 青春期生理的变化对心理发展的影响？
2. 早熟与晚熟对于青春期个体的影响？
3. 简述少年期学习活动的特点。
4. 简述皮亚杰形式运算阶段的思维特征。
5. 简述青春期个体思维发展的自我中心性表现。
6. 简述少年期信息加工的变化。
7. 简述少年期情绪发展的特点。
8. 简述少年期自我意识发展的特点。

（四）论述题

1. 论述自我同一性的发展理论。
2. 论述少年期同伴关系及其在心理发展中的作用。

六、参考答案

（一）填空题

1. 第二性征
2. 假设演绎推理
3. 经验型
4. 二年级
5. 假想观众、个人神话
6. 元认知
7. 强与弱共存、波动与稳定共存、内向性和表现性共存
8. 硬抵抗、软抵抗、反抗迁移
9. 青春期
10. 自我同一性
11. 同一性获得、同一性早闭、同一性延缓、同一性扩散
12. 同伴交往
13. 角色采择能力
14. 单向依赖、双向互动
15. 反社会性行为、攻击性行为、对立违抗行为

（二）单项选择题

1. D　2. B　3. C　4. C　5. B　6. A　7. B　8. D　9. D　10. C

11. B　12. D　13. B　14. A　15. C　16. C　17. B　18. A　19. C　20. D

（三）简答题

1. 青春期生理的变化及其对心理发展的影响？

(1) 青春期是个体生长发育的第二高峰期，身体在形态、功能、性发育等各方面都发生了巨大变化，表现在以下几个方面：

1）身体快速发育：身高和体重开始突增、达到发育高峰和停止增加的时间上，女孩生长发育的高峰一般要比男孩提前一两年。除此以外，其胸围、肩宽、骨盆等同样处于急速增长阶段。

2）心肺功能的增强：青春期心脏迅速生长，重量可达出生时的 12～14 倍。同时心脏的密度增加，心肌纤维更有弹性，心肌收缩力增强，每搏输出量增加。青春期肺的重量显著增加，12 岁时肺的重量是出生时的 9 倍，肺泡容量增大。肺活量的增长是肺发育的重要标志。

3）性发育：青春期男女生殖器官发育并逐渐成熟。性腺的发育成熟使得女孩出现月经，男孩发生遗精。第二性征是性成熟的标志，包括肌肉的发达、乳房的发育、声音和肤质的变化、面部毛发、体毛和腋毛的出现等。

（2）对心理发展的影响

生理发育迅猛，但心理发展比较滞后，使得个体心理发展呈现矛盾性特点，体现在成人感与幼稚性的矛盾。由于生理上逐渐发育成熟，个体在认知、情绪情感的表达和行为上发生了明显的变化，同时渴望社会、学校和家长给予成人式的尊重和认可。其幼稚性体现在认知能力、人格特点和社会经验上，青春期的个体虽然以抽象逻辑思维为主，但是水平较低，处于从经验型向理论型过度的时期，思维方式上带有片面性和表面性，人格尚不成熟，情绪具有两极性，社会经验欠缺。

2. 早熟与晚熟对于青春期个体的影响？

（1）早熟女孩容易引起同伴的嘲笑，可能不大喜欢与人交往，也不太受人欢迎，并可能出现抑郁和焦虑症状。晚熟女孩更易被同伴接受，尤其在混合性别活动中容易被忽视。

（2）早熟男孩比晚熟男孩具有一些社会优势。早熟的男孩身材高大，在运动方面能力出色，更易获得他人的认可，在同伴中居于一定的领导地位，易形成积极的自我概念。晚熟男孩更易产生焦虑，更加渴望成熟，希望获得别人的注意，易导致消极的自我概念。

总体上，男孩因早熟带来的优势和晚熟带来的劣势都比女孩大，虽然晚熟男孩和早熟女孩更容易体验到焦虑，但是随着年龄的增长，这种差异会越来越小，越来越模糊。

3. 简述少年期学习活动的特点。

（1）学习内容逐步深化并系统化：学习的课程门类逐渐增加，内容也逐渐加深，知识更完整、系统，并突出运用知识能力要求。

（2）学业成绩开始分化：同小学相比，学习内容、学习形式等发生了变化，再加上初中学生心理的波动和生理的变化比较大等，出现小学阶段尖子生成绩下滑，而中等生成为成绩冒尖者。反映出智力因素和非智力因素的影响。

（3）学习的主动性和被动性并存：进入初中阶段后，学生的学习目的越来越明确，已经开始理解学习的意义和责任，学习中能主动克服一些困难，完成作业。但是初中生学习的自我控制能力还是比较薄弱，学习的自觉性和主动性还不能保持，需要老师和家长的监督、指导和帮助。

4. 简述皮亚杰形式运算阶段的思维特征。

皮亚杰关于个体思维发展年龄阶段的划分，少年期处于形式运算阶段。该阶段思维的主要特点是：在头脑中可以把事物的形式和内容分开，可以离开具体事物，根据假设来进行逻辑推理，能运用形式运算来解决问题。他们思考事情可能是什么样的，而不是单单考虑事情事实是什么样的，想象各种可能，形成假设并检验。

皮亚杰认为，由于大脑成熟和环境的共同作用，促进了思维从儿童期具体运算阶段到少年期形式运算阶段的发展。但是对于抽象思维能力出现的确切时间仍存在争论。皮亚杰的研究似乎高估了较大儿童的能力，很多少年期晚期甚至成人似乎并不具备皮亚杰所说的抽象思维。皮亚杰在晚年认识到形式运算理论存在一定的缺陷，认为该理论模型没有抓住情境在影响和制约少年期思维发展过程中所起的作用。

5. 简述青春期个体思维发展的自我中心性表现。

青春期思维发展自我中心性再度出现，主要表现为“假想观众”和“个人神话”。

假想观众即一个概念化的“观察者”，“观察者”会像少年期自己一样关注他们的思想和行为。在公众场合，他们常常感到手足无措；也常常将自己的是非观、审美观与别人的混淆起来，认为自己以为美的，别人自然喜欢；认为自己正确的，别人也应该接受。常常不理解父母与自己想法的冲突，易导致亲子冲突。

个人神话是少年期的一种信念，即认为自己是特别的，自己的经历是独特的，规则是用来约束除自己以外的其他人的。个人神话使得少年期常常关注自己的情感，夸大自己的情绪感受，认为他们自己的情绪体验是独一无二的，使得他们在分析、评价事物时带有了强烈的主观性色彩，导致不正确的推理。

假想观众和个人神话在少年期尤为强烈，而且会一直持续到成年期，但是程度会逐渐减轻。

6. 简述少年期信息加工的变化。

少年期信息加工的变化体现在结构性和功能性的变化上。

（1）少年期认知的结构性变化包括长时记忆系统储存知识数量的增加和信息加工能力的变化。储存在长时记忆系统的信息包括陈述性知识、程序性知识和概念性知识。少年期不仅在长时记忆系统中存储的上述知识数量在逐渐增加，并且工作记忆容量仍在继续增加，使得其面对复杂问题进行假设推理和对问题做出决策的能力得到提升。

（2）少年期认知的功能性变化方面是指其获取、保存、处理信息的过程，包括学习、记忆、推理判断和决策等方面的变化。少年期言语能力、数学能力、空间能力的得到增长，随着接触信息的增加，记忆能力、注意能力的增强，个体反应更加敏捷，理解问题的能力、进行假设思维的能力，以及对于情境内在可能性的理解能力的发展越来越精细。

7. 简述少年期情绪发展的特点。

（1）情绪内容的丰富性

体现在情绪活动的类型、内容和强度上的丰富性。在情绪活动的类型上，如对自我认识的态度体验，可以表现为自尊、自信、自负等。在情绪体验的内容上，以恐惧的情绪体验为例，其内容涉及社会的、文化的、想象的、抽象复杂的事物。在情绪体验的强度上，可以表现为从遗憾到绝望等不同强度的悲伤体验。

（2）情绪体验的冲动性

少年期情绪激荡，易产生冲动性，对于符合自己信念、理想和期望的刺激，容易迅速地表现出强烈的积极情绪，欢呼雀跃。遇到阻碍时又会迅速表现出否定的情绪，波动中有时会产生盲目的冲动和狂热，甚至导致一些过激的行为。

（3）情绪表达的隐蔽性

少年期的外部表情与内心体验有时并不一致，表现出文饰、内隐的性质。他们常常把自己真实的情绪隐藏起来，是否表达取决于时间、场合、对象。例如对于异性的喜欢可能表现为故意的回避行为。隐蔽性是相对的，微妙的。

8. 简述少年期自我意识发展的基本特点。

(1) 自我意识发展的飞跃期

进入青春期后，生理上的迅速变化，使得少年对自己产生了前有未有的关注。他们不断关注自己，希望了解自己，好像从现在起才发现了自己的存在一样。使少年再一次关注自我，从而产生自我意识的第二次飞跃，进入自我意识发展的关键期。不仅关注自己的行为举止和外表，更关注自己的能力、兴趣、性格、理想等发展，力图完善自己。

(2) 自我意识的分化

进入青春期后，出现了理想的自我和现实的自我。理想的自我是根据主观的我和主观感受的社会现实，所希望自己未来成为什么样的人。现实的自我是指当前实际所能达到的自我状态，简单地说，即我现在已经是什么样的人。自我的分化使得少年主动地、迅速地对自己的内心世界和行为具有新的意识，也可能产生矛盾，当理想的自我与现实的自我发生矛盾时，少年往往会体验一种的强烈的挫折感，有时甚至是威胁。

(三) 论述题

1. 论述自我同一性的发展理论。

埃里克森的理论认为，青少年面临的主要发展是获得自我同一性（自我认同感），即一种对于自己是什么样的人，将要去何方以及在社会中处于何处的稳固且连贯的知觉。自我同一性是个体在过去、现在和未来这一时空中对自己内在的一致性和连续性的主观感受和体验，以及为他人所知觉到的个体自身的一致性和连续性，是个体在特定环境中的自我整合。

美国心理学家詹姆斯·玛西亚（James Marcia，1980）沿用埃里克森的自我同一性的观点，将自我同一性的概念操作化，根据埃里克森理论中两个主要维度——危机和承诺区分了同一性的四种状态。危机是个体努力寻找适合自己的目标、价值观和理想等，这时个体需要从多种选择中做出抉择，以便做出有意义的投入；承诺是指个体为认识自己、实现自我、对于目标、价值观和理想做出精力、毅力和时间等方面的个人投资、自我牺牲以及对特定兴趣的维持。玛西亚设计了一套针对青少年的结构式访谈，获得他们对于职业、宗教意识形态、性取向以及政治价值的探究和确定程度，同一性的四种状态为：

(1) 同一性获得即实现了自我认同，最终做出了选择，并形成了承诺。

(2) 同一性早闭是虽然获得了同一性，但是并未经历寻求最适合自己选择的危机体验。

(3) 同一性延缓是同一性尚未建立，还在探索中，没有做出选择和承诺。

(4) 同一性扩散是同一性尚未建立，对于同一性问题不做思考或无法解决，对将来的生活方向未能澄清。

根据埃里克森的理论，青少年的发展任务是建立自我同一性，防止同一性混乱。少年期作为初期阶段，他们开始解决自我同一性与角色混乱的矛盾。玛西亚认为，个体的自我同一性状态有一条发展路径，即由同一性扩散状态发展到早闭或延缓状态，最后达到同一性获得状态。少年期面临许多新的身心变化，这些变化使得少年期对于同一性问题进行思考，开始重新考虑童年期的价值观和身份。

2. 论述少年期同伴关系及其在心理发展中的作用。

同伴关系是指年龄相同或相近的儿童之间的一种共同的活动并相互协作的关系，或者主要指同龄人之间或心理发展水平相当的个体间在交往过程中建立和发展起来的一种人际关系。同伴关系在人生发展的各个时期都存在，而处于青春期少年的同伴关系对其以后社会能力和社会适应性发展具有重要的影响。

少年期的同伴关系是一个多层次、多侧面、多水平的网络结构，其中主要包括了两种关系，分别为同伴群体关系和友谊关系。

同伴群体关系表明了少年期在同伴群体中彼此喜欢或接纳的程度。根据以往的研究包括以下四种类型：①受欢迎的：同伴群体中大多数成员喜欢而极少数成员不喜欢的少年。②有争议的：即被一些人喜欢，另一些所讨厌。③受拒绝的：不被大多数同伴群体成员喜欢的少年。④被忽视的：他们既不被人所喜欢，也不为人讨厌，常常是被遗忘的对象。

少年期的友谊亲密水平更高，他们自我表露持续的时间更长，所包含的情感因素也更多。更多的是交流内心、倾诉情感，个体也能够表现出理解、忠诚、敏感、可靠以及愿意为对方保守秘密等。少年期与同伴接触的时间远远高于与父母的相处时间，从对父母的依赖转向同辈群体寻求支持，对朋友的自我袒露增加。他们需要有密切的朋友来陪伴、支持、理解和关心自己。

同伴关系在少年期的心理发展中具有重要作用。主要作用有四个方面：一是同伴关系可以满足儿童归属和爱的需要以及尊重的需要；二是同伴关系交往为儿童提供了学习他人反应的机会；三是同伴关系是儿童特殊的信息渠道和参照框架；四是同伴关系是儿童获得情感支持的一个来源。

（大连医科大学　周　莉）

第八章　青年期身心发展规律与特点

一、学习要求

1. **掌握**　青年期的认知发展规律，青年期思维发展的特点及青年期的社会性和个性发展。

2. **熟悉**　青年期情绪、情感发展的一般特点，青春期常见心理问题及干预方法。

3. **了解**　青年期身体发育的特点及其带来的心理影响；青年学习活动的特点及恋爱的特点。

二、重点难点

1. **重点**　青年期思维发展的规律；自我意识的发展特点；人际交往的特点；青年期常见的心理问题及干预。

2. **难点**　青年期思维的发展；青年期的社会性与个性发展。

三、内容精要

本章主要阐述了青年期（16～18 岁）身心发展的规律和特点。青年期身体发育的特点及其带来的心理影响；青年记忆、思维、想象力、学习活动等认知发展特点；自我意识、人际交往、个性发展等社会化问题进一步发展；本章还讨论了青年期的心理特征、常见心理问题的成因与干预等。

四、阅读拓展

1.（美）伯克著，陈会昌等译.《伯克毕生发展心理学：从青年到老年（第 4 版）》，中国人民大学出版社，2014 年 1 月.

本书是在美国及世界各地被广泛使用的大学本科和研究生教科书，是发展心理学教学中最权威的教材之一，同时也是发展心理学研究领域引用率极高的著作。《伯克毕生发展心理学：从青年到老年（第 4 版）》是《伯克毕生发展心理学（第 4 版）》后半部分的内容。它以真人真事为例，把生理与心理发展知识和理论融为一体，对个体的成年早期、中年期、老年期以及死亡临终加以详细介绍。特别是对老年期、衰老、临终、死亡、丧亲的阐述，则会使中国读者耳目一新，并在某种程度上引发人们对生命价值和人生意义的沉思。最新的研究成果、鲜活的图文资料、简练流畅的表达风格，使本书将理论性、科学性和人文关怀融为一体。它既可以作为我国大学心理系的教学与学习参考书，也可以作为各种培训教材。而对于绝大多数不太懂专业心理学的普通读者，尤其是处于人生拐点的青年朋友以及关注生命健康的中老年朋友，它也有重要的阅读和参考价值。

2. 冯江平，安莉娟著.《青年心理学导论》，高等教育出版社，2006年7月.

本书较完整、系统地阐述了青年心理学的基本原理，介绍了国内外具有代表性的青年心理学理论及近年来青年心理学研究的最新成果；紧密联系我国青年心理的特点和发展现状，阐述了青年期的年龄界定、人生发展课题、生理成熟规律，以及青年的认知能力和创造性的发展、青年的自我意识、情绪特征、青年性心理的发展、青年的个性心理和社会化、青年人生价值观的发展变化、青年与成人的关系、青年与同龄人的关系、青年的心理健康、职业选择、犯罪心理以及文化闲暇生活等问题；注重科学性和思想性、理论性与应用性的统一，可读性强。

本书不仅可供广大青年研究者、青年工作者、教育工作者、管理工作者阅读和参考，也可作为高校心理学专业学生的专业课教材，以及作为高校开设的人文社会科学类选修课教材之用；同时，本书也适用于广大青少年及其家长，以及对青少年心理感兴趣的人们阅读和使用。

（一）经典案例

小张是一个来自农村的男孩，自上高中以来一直努力学习，所以高二进了年级的提高班。但就在这个时刻，他注意到了一个女生，虽说只是一面之交，但也说不清怎么就喜欢上她了。难道这就是早恋吗？感情的冲动使他上课经常走神，晚上独自时就想这个女生……理智上他知道应该克制，但是却不能让自己把全部精力用到学习上去，时常自责，小张同学该怎样才不至于留下终身懊悔呢？

案例分析：

处于青春期的年轻人对异性产生朦胧的好感是很正常的，而相对较弱的自我控制能力使他们即使是在上课的时候，也可能让思绪如脱缰的野马一般随意遐想。这位的困惑主要是不知道如何去面对自己的感情，这种感情的萌发并不像有些人所形容的“早恋毁前途”那样可怕。对异性的关注之心既然产生了，就没必要去刻意压抑和否定，内心的交战往往是自己打败自己。刻意忘记恰恰说明还在惦记着，不能释怀。同时也不必慌张，以顺其自然的态度接受它即可。

理解自己并能面对问题时，心境就会相对平静一些，此时再根据不同的情况去处理那些随情感而生的问题，自然就会轻松许多。当发觉自己“喜欢”上一个人时，完全可以和他（她）接触，更多地了解对方并使对方了解自己。只是作为学生，应该适度地调配用在这方面的时间和精力，否则便是一个不称职的学生。但从学习的广义来看，情感方面的经历也是人生必须要上的一课。因此，不应反对年轻人在不耽误学习的情况下，与自己产生好感的异性同学交往。

高中学生处在青春发育期，容易因受到相互的吸引导致互相爱慕、互相支持而产生早恋。而高中生早恋由于情感处于主导地位，通常缺乏理性。

（二）相关知识拓展

1. 早恋的表现 多数人有肉体和性接触的意向，但不一定都付诸实践。相当多的早恋青少年满足于温馨的情感交流和卿卿我我的言语交流。当然，也有少数人基于性冲动与欲望发生性行为。

2. 早恋的成因 由于生理的逐渐成熟，他们产生了成人感的自我意识，认为自己已经长大成人了，就应该像大人那样有异性朋友。

禁止中学生谈恋爱所引起的逆反心理，有些家长或老师生硬地不让学生谈恋爱或者将恋爱神秘化。这样，学生由于好奇心的驱使，学校越禁止越压抑，他们就越想谈恋爱，越将恋爱神秘化，他们就越想尝试一下。

受描述两性关系的传播媒介的影响，如小说、电影、电视、互联网里有关爱情内容的描写，特别引他们入胜。

由于生活水平的提高，家庭全力以赴对学生进行投资，助长了他们的攀比心理、时髦心理和虚荣心理。这些心理交织在一起，校园里也出现了追求新潮和异性朋友的风气。

3. **早恋的克服** 对于青少年早恋的防治，除了家庭和学校的结合辅导外，重要的还是靠自己的把握。青少年要正确处理好自己的早恋问题，可以从以下几个方面入手：

(1) 正确处理早恋和青少年男女正常交往的关系：每一个步入青春期的少男少女，随着生理的逐步成熟，会开始关注异性同学，并希望了解他们，与他们交往，这是一种正常的心理现象，青少年对异性的依恋并不是有些家长和老师所认为的那样，是一件丢人和见不得人的事。这与道德品质没有关系。绝大多数青少年都“早恋”或“单恋”过一个自己喜欢的异性，关键是青少年如何正确处理早恋和男女正常交往的关系。不要过分地敏感，不要以为异性对你好一点就是爱上了你，也不要动不动就向人家表达爱意。

(2) 积极参加集体活动：分散独自喜欢一个人的注意力，不要与异性单独交往。通过参加有意义的集体活动，可以陶冶自己的情操、树立远大的理想，并能获得同学们的帮助和友谊。同时，这样做能分散你早恋的注意力，减轻你的烦恼，也能使你头脑冷静下来思考，淡化你对你喜欢的异性的强烈情感。

(3) 认识早恋的危害性：早恋最严重的危害是严重干扰学习。由于整日整夜满脑子想着自己喜欢的那个异性，因此会使你没心思去学习，也觉得学习没多大意思，上课注意力就难以集中。由于没有认真听讲，学习成绩就会越来越差。青少年学生要把眼光放的远一点，要用理智战胜自己的感情。毅力的真谛是战胜自己，能战胜自己就能摆脱早恋。

(4) 注意心理卫生：不看不适宜的报刊杂志、影视节目，把精力投入到学习中去，多看一些伟人的传记，培养自己的意志力，树立远大的奋斗目标。

五、巩固习题与答案

（一）填空题

1. 青年期的感觉、知觉灵敏度、记忆力、思维能力不断增强，________逐步占主导地位，他们开始以批判的眼光来看待周围的事物，有独到见解，喜欢质疑和争论。

2. 随着青年期生理的日趋成熟，个体心理也在悄悄发生变化，其主要体现在________、________和________。

3. 青年的记忆能力发展表现在________、________和________方面。

4. 青年期学习活动的特点有________、________、________、________和________方面。

5. 青年期思维的发展包括________、________、________和________。

6. 人的表情动作大致分为三种：________、________和________。

7. ________个体的生理发展正处于青春发育末期，从14、15岁到17、18岁也可称为青年早期。

8. 青年期恋爱的驱动力之一就是对异性的好奇心与神秘感。不同青年恋爱的原因也不相同，按其不成熟的动机来分，包括以下类型：______、______、______、______、______和______。

9. 在青年期，青年自我评价能力的不良发展出现以下两种倾向：______和______。

10. 青年期自我意识发展的途径包括：______、______和______。

11. 青年期同伴的交往特点有______、______、______和______。

12. 青年与父母之间的关系变化表现在______、______、______和______。

13. ______是有目的有计划、需要集中注意力的识记。人要获得完整的知识和技能，主要靠______。

14. 青年期个体______的发育基本完成。______的发展主要体现在质量上的突破与功能的完善方面。

15. 青年期的到来，标志着______的开始。

16. 情绪的产生以______、______为基础，并伴随着______、______的一系列生理变化。

17. 青年期情感的______增强，与______并存。

18. 记忆是过去______在人脑中留下的痕迹。

19. ______是借助思维的力量，运用多种方法，在理解事物的意义和本质的基础上进行的识记。

20. 青年期的自我意识在矛盾中发展，主要表现为______和______。

（二）单项选择题

1. 个体身体发展的定型期是在

A. 幼儿期　　B. 童年期

C. 青年期　　D. 成年期

2. 导致青年期烦躁的主要生理因素是

A. 身高　　B. 体重

C. 性　　D. 认知

3.（　）的到来，标志着性成熟的开始

A. 童年期　　B. 青年期

C. 成年期　　D. 老年期

4. 青年期是（　）发展的关键时期，在自我意识日益成熟的催化下，他们喜欢进行新的探索和尝试

A. 独立性　　B. 社会性

C. 情绪性　　D. 内隐性

5. 青年期推理能力已基本达到成熟状态，各种推理能力都比较完善，（　）推理的正确率最高

A. 演绎　　B. 复合

C. 归纳　　D. 连锁

6.（　）以形式逻辑思维为主，辨证逻辑思维开始发展起来

A. 老年期　　B. 成年期
C. 青年期　　D. 童年期

7. 青年期个体的创造性思维结构的发展已进入了一个新的阶段，以（　　）为主要成分
A. 求同思维　　B. 辩证思维
C. 形式逻辑思维　　D. 求异思维

8. 青年期想象力迅速发展，（　　）占优势
A. 有意想象　　B. 创造想象
C. 无意想象　　D. 幻想

9. 青年期是学习与发展的黄金时期，青年期的学习以（　　）为主
A. 间接经验　　B. 直接经验
C. 社会实践　　D. 科技信息

10. 青年期的（　　）是指他们依据一定的标准评价自己或他人行为时产生的情感体验，如崇高、赞赏、讨厌和羞耻等
A. 理智感　　B. 道德感
C. 美感　　D. 幸福感

11. 自我意识发展的第二个飞跃期是（　　）
A. 幼儿期　　B. 青年期
C. 成年初期　　D. 成年中期

12. 青年的自我意识会发展到新的水平，（　　）是指他人对自己的认识和评价
A. 社会自我　　B. 主观自我
C. 理想自我　　D. 现实自我

13. 青年期的（　　）在其自我意识中最敏感，一方面，他们积极在别人面前表现自己，渴望得到他人的承认；另一方面，当其自尊心受到伤害时，容易引起强烈的情感反应
A. 自尊　　B. 自爱
C. 自信　　D. 自强

14.（　　）与师生关系、亲子关系相比而言，其特征是交往更为自由、平等、主动
A. 同伴关系　　B. 人际关系
C. 团体关系　　D. 恋爱关系

15. 价值观的初步形成是在（　　）
A. 幼儿期　　B. 童年期
C. 青年期　　D. 成年期

16. 青年情感最突出的特点是（　　）
A. 两极性　　B. 多变性
C. 极端性　　D. 自我中心性

17.（　　）的需要在青年的需要结构中居重要地位，希望能自己处理自己的事务，希望自我的观念、主张、兴趣等能得到赞同，以实现存在的价值
A. 社会交往　　B. 理解尊重
C. 友谊　　D. 独立自主

18. 第二反抗期的主要指向是（　　）
A. 父母　　B. 老师

C. 朋友　　　　D. 社会

19. 青年对“我是谁”、“我将来的发展方向”、“我如何适应社会”等问题的思考是（　　）需要

A. 安全　　　　B. 归属

C. 尊重　　　　D. 发展自我

20. 从兴趣的发展阶段上来看，兴趣一般经历有趣、乐趣和志趣三个阶段，青年兴趣发展进入（　　）阶段

A. 有趣　　　　B. 乐趣

C. 志趣　　　　D. 风趣

（三）简答题

1. 青年期生理发展给其心理适应带来哪些影响？
2. 青年期思维发展有哪些特点？
3. 简述青年期学习活动的特点？
4. 青年期同伴交往的特点有哪些？
5. 青年期自我意识的发展主要表现在哪些方面？
6. 青年恋爱动机有哪些？
7. 青年期人际交往表现在哪些方面？有何特点？
8. 青年期的基本心理特征有哪些？

（四）讨论题

1. 论述青年期情绪发展的特点。
2. 结合实际谈青年期的恋爱问题。
3. 结合自己身边的情况讨论青年期常见心理问题的成因和调控。

六、参考答案

（一）填空题

1. 抽象逻辑思维能力

2. 情绪多变，情感内隐性增强、独立意识迅速发展，处于心理发展的转折期、性意识发展，性道德基本形成

3. 有意识记占主导、理解识记成为主要的记忆方法、抽象记忆占优势

4. 以掌握系统的间接经验为主、学习策略和技巧更完善、学习的途径、方式和方法多样、青年期的自学能力有待提高、全面提高身心素质，为升学就业打好基础

5. 抽象逻辑思维、形式逻辑思维、辩证逻辑思维、创造性思维

6. 面部表情动作、体态表情动作、言语表情动作

7. 青年期

8. 攀比式、逆反式、怂恿式、游戏式、好奇式、解闷式

9. 过低或过高评价自我的倾向、有利化倾向

10. 通过同伴来认识自己、通过活动的结果来认识自己、通过内省来认识自己

11. 交往愿望比较强烈、注重同伴的内在品质、同伴交往方式以同学交往为主、青年同伴交往有性别取向

12. 父母榜样作用弱化、认知上的分离、情感上的分离、行为上的分离

13. 有意识记，有意识记
14. 神经系统、大脑
15. 性成熟
16. 脑的活动、自主神经活动、内分泌系统、内脏腺体
17. 内隐性、外显性
18. 感知过、思考过、体验过和做过的动作
19. 理解识记
20. 主观自我和社会自我的矛盾、现实自我和理想自我的矛盾

（二）单项选择题

1. C　2. C　3. B　4. A　5. C　6. C　7. D　8. B　9. A　10. B
11. B　12. A　13. A　14. A　15. C　16. A　17. D　18. A　19. D　20. C

（三）简答题

1. 青年期生理发展给其心理适应带来哪些影响？

随着青年期生理的日趋成熟，青年期的个体心理也在悄悄发生着变化。(1)情绪多变，情感内隐性增强。(2)独立意识迅速发展，社会化基本完成。(3)性意识萌发，性道德基本形成。青年期的心理水平在很多方面已接近成人。这一时期是个体心理发展非常重要的一个转折期。青年身心发展出现了许多新的特点和错综复杂的矛盾冲突。

2. 青年期思维发展有哪些特点？

思维是智力的核心，青年的智力发展主要体现在其思维能力的发展上。青年期个体的形象思维已完全发展成熟，抽象逻辑思维的发展也进入了发展成熟期。

(1) 青年期抽象逻辑思维的发展。抽象逻辑思维是一种假设的、形式的、反省的思维。这种思维具有以下特征：一是通过假设进行思维；二是思维具有预计性；三是思维形式化；四是思维活动中自我意识和监控能力的明显化。在整个中学阶段，青少年的抽象逻辑思维得到迅速的发展，这种发展有一个过程。青年期的抽象逻辑思维已具有充分的假设性、预计性和内省性。

(2) 青年期形式逻辑思维的发展。形式逻辑思维是个体抽象逻辑思维发展的初级形式。青年形式逻辑思维的发展在其思维活动中占据主导地位。形式逻辑思维的发展，主要表现在概念、推理、逻辑法则的运用能力等方面。

(3) 青年期辩证逻辑思维的发展。在实践与学习的过程中，青年逐步认识到特殊与一般、现象与本质、肯定与否定的对立统一关系，逐步用运动的、变化的、发展的眼光认识问题、分析问题和解决问题，辩证逻辑思维也就得到了发展。

(4) 青年期创造性思维的发展。创造性思维是重新组织已有的知识经验，提出新的方案或程序，并创造出新的思维成果的思维活动。青年期创造性思维总的发展趋势是随着年龄的增长而发展，但发展速度并不均匀，在高二创造性思维发展较快。创造性思维既有一般思维的特点，又具有其独创性的特点。

3. 简述青年期学习活动的特点？

学习是青年期的主要任务，也是主导活动；青年期是学习与发展的黄金时期。如何做好时间管理，努力学习，全面提高自身综合素质，更好地适应社会需求，是每个青年需要认真对待的问题。(1)青年期的学习以掌握系统的理性的间接经验为主。(2)学习策略和技巧更完善。(3)学习的途径、方式和方法多样化。(4)青年期的自学能力有待提高。(5)全面

提高身心素质，为升学就业打好基础。

4. 青年期同伴交往的特点有哪些？

第一，交往愿望比较强烈。第二，注重同伴的内在品质。第三，青年同伴交往方式中，90% 以上的个体主要通过同学之间交往，其次是儿时的玩伴、朋友的介绍。第四，青年同伴交往的性别取向。有 30% 左右的高中生在同伴交往中有明显的性别取向。随着年级的升高，喜欢与异性交往的呈上升趋势，这一点在男生中表现得尤为明显。不同年级、不同性别、不同地域的青年同伴交往也存在一定的差异。总的来看，大部分青年把忠诚、理解、信任、尊重、宽容看作同伴交往的重要行为准则。

5. 青年期自我意识的发展主要表现在哪些方面？

(1) 青年期自我知觉的发展。青年期的自我知觉，首先表现在关注自己身体形象方面。他们普遍关心自己的外貌。

(2) 青年期自我评价能力的发展。由于抽象逻辑思维的发展、知识经验的丰富，青年逐渐学会了较为全面、客观、辩证地看待自己、分析自己，青年期自我评价能力日益成熟，自我评价能力逐渐变得全面、主动、深刻。青年期的自我评价，由注重对自己身体、衣着和别人对自己态度的评价逐渐过渡到对自己的社会活动、社会关系和社会名誉的评价。青年期自我评价的独立性有所发展，他们能够对自己的内心世界与人格特征进行比较客观的评价。

(3) 青年期的自我意识在矛盾中发展：主观自我和社会自我的矛盾，现实自我和理想自我的矛盾。

(4) 青年期自我意识发展的途径：一是通过同伴来认识自己；二是通过活动的结果来认识自己；三是通过内省来认识自己。

6. 青年期情感的发展有哪些？

青年的情感，是指他们的高级需要，即主要与社会需要相联系的内心体验。青年的社会性情感主要包括理智感、道德感、美感和幸福感。(1)青年期的理智感。青年期的理智感是指青年对认识活动的结果进行评价时产生的情感体验，如坚信感、求知感、愉悦感和疑惑感等。(2)青年期的道德感。青年期的道德感是指他们依据一定的道德标准评价自己或他人行为时产生的情感体验，如崇高、赞赏、讨厌和羞耻。青年期已初步形成了概括和内化的道德情感。(3)青年期的美感。青年期的美感是指青年对客观事物美的特征的情感体验。青年期的美感体验的发展水平受到对客观事物外部特征的领会和理解的制约，也受一定社会生活条件的制约。(4)青年期的幸福感。青年期的幸福感大部分水平较高或达到中等水平，但也有少数青年的幸福感水平比较低。青年学生幸福感随着年级升高出现逐渐下降的趋势。

7. 青年期人际交往表现在哪些方面？有何特点？

青年期是个体社会化的重要阶段，社会化的顺利完成离不开人与人之间的交往。青年期是个体人际交往需要的速增期，青年渴望交往，男生的朋友圈要大于女生。随着年级的增高，青年期的朋友圈呈扩大的趋势。青年期的人际交往对象主要有朋友、同学、老师及父母。(1)青年期同伴交往的特点。第一，交往愿望比较强烈。第二，注重同伴的内在品质。第三，同伴交往方式以同学交往为主。第四，青年同伴交往有性别取向。(2)青年期与教师关系的变化。随着青年自我意识的发展，青年不再像少年那样盲目的接受任何教师，青年开始品评教师。教师具有渊博知识，教学能力强，尊重、理解和信任学生，和蔼可亲、平易近人、有朝气，对学生一视同仁，教育学生有耐心等特点成为青年喜爱的对象。(3)青年期与父母关系的变化：第一，父母榜样作用逐渐弱化。第二，认知上的分离。第三，情感上的分离。第四，行为上的分离。

8. 青年期兴趣发展的特点？

兴趣是个体积极探究某种事物或从事某种活动的认识倾向，是获取知识、成就事业的源头。①青年兴趣发展进入志趣阶段；②青年兴趣相对稳定；③青年中心兴趣逐步形成。

（四）讨论题

1. 论述青年期情绪发展的特点。

答题要点：青年期的情绪模式可分为积极情绪和消极情绪。积极情绪主要有好奇、高兴、亲热和乐趣等，消极情绪主要有焦虑、愤怒、恐惧和嫉妒等。一般说来，青年期消极情绪出现的频率及强度均高于积极情绪。这说明青年期处于典型的烦恼困扰期。

青年期的情绪发展具有以下特点：①延续性：青年的情绪暴发的时间延长，稳定性提高；②丰富性：青年期正处在多梦的年龄阶段，几乎人类所具有的情绪种类都可能在青年期身上体现出来，并且各类情绪的强度不一，有层次不同；③特异性：青年期的情绪体验有个人的独特的“光环”，有个性的差异、自我感知的差异，同样是忧愁，可以有林黛玉式的郁郁寡欢，也可以有诸葛亮式的深谋远虑。

青年期情绪发展的特点还可以表现在情绪表现和情绪体验方面：

（1）青年期情绪表现发展的特点：①青年期的情绪表现具有内隐文饰性；②青年期的情绪表现带有很大的波动性。

（2）青年期情绪体验发展的特点：①青年期的情绪体验具有丰富性；②青年期的情绪体验具有延续性；③青年期的情绪体验存在着个体差异。

2. 结合实际谈青年期的恋爱问题。

答题要点：

（1）青年能够理解或体验到真正的爱情。青年的爱情与成人相比，虽然还处于尝试发展阶段，还不成熟，但是同样包含亲密、激情和承诺三因素。

（2）青年爱情发展很不平衡。青年恋爱与成人相比，交往相对不够自由，对欲望和本能需要更加克制以及对未来的不确定性导致青年爱情发展很不平衡。一方面，个体发展水平不平衡。另一方面，青年个体之间恋爱的价值观，道德观的发展水平差距显著。从心理学的角度看，青年恋爱是一种正常的生理和心理现象。

（3）青年恋爱存在同性恋现象。青年认为自己是同性恋，有几种可能：①不知同性恋的确切定义，误把同性间的心理依赖当成是同性恋；②出于对传统的挑战与反叛，发生同性间的性关系，但时过境迁，也会有异性性关系，即所谓的“假性同性恋”或“境遇性同性恋”；③性倾向明确的同性恋。对青年期所谓的“同性恋”，一定要慎重判断，不能轻易地下结论，同时，要科学的引导青年面对。

3. 结合自己身边的情况讨论青年期常见心理问题的成因和调控。

答题要点：当前青年期的心理问题主要表现在情绪不平衡、学习有压力感、适应不良、焦虑、强迫症等方面，同时，男女个体存在显著性别差异，女生中存在心理健康问题的人数所占百分比要明显多于男生，这可能与其不同的生理条件、心理素质等发展及其个性差异等因素有关。青年期常见心理问题有：学习类问题；人际关系问题；恋爱问题；挫折适应问题。

青年期存在心理健康问题的主要原因：尽管青年心理健康问题形成的原因是多方面、多角度的，但我们可以从中分析出主要的脉络：①对青年心理健康教育缺乏应有的重视；②应试教育加大了青年的精神压力；③家庭教育方式不当；④传统教育观念作怪，教育方式不当。

青年期常见心理问题调控：对于青年已形成的心理问题，我们不能倒转历史，只能从实际出发，立足现实，把握青年期这一关键，力求纠正和克服。①真诚关爱；②理解和宽容；③充分尊重；④信赖和赞扬。

（齐齐哈尔医学院　蔡珍珍）

第九章　成年初期身心发展规律与特点

一、学习要求

1. **掌握**　成年初期的概念；成年初期个体认知发展的特点。

2. **熟悉**　成年初期个体在生理、社会性和人格等方面的身心发展变化特点；成年初期个体恋爱、婚姻、家庭的确立，职业的选择与事业的发展；常见的心理问题。

3. **了解**　成年初期思维发展的第五阶段理论、爱情发展理论以及霍兰德职业兴趣理论。

二、重点难点

1. **重点**　成年初期思维和智力方面的一般发展规律；成年初期个体面临的恋爱婚姻和职业发展方面的挑战、任务及应对策略。

2. **难点**　成年初期个性和社会性发展的规律；延缓偿付的社会意义。

三、内容精要

成年初期又称为青年晚期，约从18岁开始，到35岁结束，是个体毕生发展过程中从儿童走向成人的第一个时期。成年初期个体在生理特点、认知、感情、社会性和人格等方面体现出一系列发展变化，从这个阶段开始，个体成为一个有能力承担社会责任和义务的真正意义上的社会人。

成年初期个体发展的主要特点是身体发育成熟，身高体貌已基本定型，各项生理系统发育成熟，多数人在成年早期处于体能的巅峰期。在社会性方面，社会角色的转变和适应是个体社会化发展的重要内容；心理上这一时期个体自我意识得到了迅速发展，自我同一性确立，人生观、价值观趋于稳固，个体进入到一个相对平静、相对成熟的发展时期。恋爱、婚姻及职业的选择与事业的发展是个体发展的主要任务和课题。同时，从心理健康方面来看，这一时期也是异常行为及精神疾病的高发期，如网络成瘾、自杀、精神分裂症等，对这些心理问题的预防与有效干预是促进成年初期个体健康发展的重要手段。

四、阅读拓展

1. 苏启文．青年心理学[M]．西安：陕西师范大学出版社，2012.

青年心理学特别是青年成功心理学，对青年的教育和成长作用日益明显，将有助于青年们更好地按科学规律进行自我的心理素质培养，促进身心健康发展，从而迈向成功。为此，《青年心理学》内容涵盖青年的青春、求学、恋爱、婚姻、处世、就业、发展等心理方面的重要问题，并就这些问题进行清晰而全面地解析，对存在的心理问题阐明了实用的调适方法，以帮助广大青年克服各种心理障碍，获得健康和谐的最佳心理状态，并开创灿烂而辉煌的人生！

该书内容共分八章：第一章是角色定位的心理认知，第二章阐述励志求学的心理应变，第三章恋爱情感的心理指导，第四章是婚姻情感的心理掌控，第五章关注人际交往的心理疏通，第六章介绍涉身处世的心理适应，第七章是职场就业的心理缓解，第八章涉及人生发展的心理塑造。

2. 樊富珉，费俊峰. 青年心理健康十五讲［M］. 北京：北京大学出版社，2006.

该书是名家通识讲座书系之一，是一部关于青少年心理健康的实用专著，内容涉及心理健康与人生发展、心理健康标准纵横谈、塑造健康的自我形象、情商与情绪管理、情商与情绪管理等，适合青少年教育工作者参考学习。

经典案例

1. 罗密欧与朱丽叶效应　在莎士比亚的经典名剧《罗密欧与朱丽叶》中罗密欧与朱丽叶相爱，但由于双方世仇，他们的爱情遭到了极力阻碍。但压迫并没有使他们分手，反而使他们爱得更深，直到殉情。这样的现象我们叫它“罗密欧与朱丽叶效应”。所谓“罗密欧与朱丽叶效应”，就是当出现干扰恋爱双方爱情关系的外在力量时，恋爱双方的情感反而会加强，恋爱关系也因此更加牢固。

心理学家德斯考尔等人在对爱情进行的科学研究时发现，在一定范围内，父母或长辈干涉儿女的感情，这青年人之间的爱情也越深。就是说如果出现干扰恋爱双方爱情关系的外在力量，恋爱双方的情感反而会更强烈，恋爱关系也会变得更加牢固。这种现象就被叫做罗密欧与朱丽叶效应。但最终婚姻最后却经常是以悲剧收场。

这种情形不仅发生在男女的爱情之间，也会发生在许多地方。对于越难获得的事物，在人们的心目中地位越重要，价值也会越高。学者们尝试以阻抗理论（reactance theory）来解释这种现象，他们指出当人们的自由受到限制时，会产生不愉快的感觉，而从事被禁止的行为反而可以消除这种不悦。所以才会发生当别人命令我们不得做什么事时，我们却会反其道而行的现象。

莎士比亚的名剧《罗密欧与朱丽叶》描写了罗密欧与朱丽叶的爱情悲剧。他们相爱很深，但由于两家是世仇，感情得不到家人的认可，双方家长百般阻挠。然而，他们的感情并没有因为家长的干涉而有丝毫的减弱，反而相爱更深，最终双双殉情而死。

在现实生活中，也常常见到这种现象：父母的干涉非但不能减弱恋人们之间的爱情，反而使之增强。父母的干涉越多、反对越强烈，恋人们相爱就越深，这种现象被心理学家称为“罗米欧与朱丽叶效应”。

为什么会出现这种现象呢？这是因为人们都有一种自主的需要，都希望自己能够独立自主，而不愿自己是被人控制的傀儡。一旦别人越俎代庖，替自己做出选择，并将这种选择强加于自己时，就会感到主权受到了威胁，从而产生一种心理抗拒：排斥自己被迫选择的事物，同时更加喜欢自己被迫失去的事物。正是这种心理机制导致了罗米欧与朱丽叶的爱情故事一代代地不断上演。

心理学家的研究还发现，越是难以得到的东西，在人们心目中的地位越高，价值越大，对人们越有吸引力；轻易得到的东西或者已经得到的东西，其价值往往会被人所忽视。因此，当外在压力要求人们放弃选择自己的恋人时，由于心理抗拒的作用，人们反而更转向自己选择的恋人，并增加对恋人的喜欢程度。

另外，心理学家鲁宾发现，男女对对象的爱情得分是一样的，但女性对自己对象喜欢的程度比男性对自己的对象喜欢的程度要略高。男女对同性朋友的喜欢程度是一致；而女性比男性更爱自己的同性朋友。这就是我们经常看见女孩子们可以一起牵手走路，甚至喜欢挤在一张床上睡觉，说悄悄话，却很少看见男生会这样的缘故。

是什么心理让这些被"棒打的鸳鸯"关系更紧密呢？心理学上的解释之一是，从选择自由与对所选择对象的喜爱程度之间的关系来说的。让我们先看一个实验，美国社会心理学家布莱姆在一个实验中，让一名被试面临 A 与 B 两个选择，在低压力条件下，另一个人告诉他"我们选择的是 A"，在高压力条件下另一个人告诉他，"我认为我们两个人都应该选择 A"。结果，低压力条件下被试实际选择 A 的比例为 70%，而在高压力条件下，只有 40% 的被试选择 A。可见一种选择，如果选择是自愿的，人们会倾向于增加对所选择对象的喜欢程度，而当选择是被强迫的时候，便会降低对选择对象的好感。

因此，当恋爱双方被强迫做出某种选择时，会产生高度的心理抗拒，这种心态会促使他们做出相反的选择，甚至会增加对自己所选择的事物的喜欢程度。生活中我们常能听到这样的事例：某对恋爱的青年，尽管遭到父母的竭力反对、亲友的百般阻挠，两人非但不中止恋爱关系，反而更亲密，更大胆，有的甚至以自杀来对抗。

另一种解释，是从维持认知平衡的角度来说的。一般情况下，人们对自己行为的解释，都是从内外两方面去寻找理由，当外在理由消失后，人们就会从内部去寻找依托。反之亦然。恋爱双方渴望接近对方等行为原因，可以解释为，由于双方内在的情感因素和外在亲人朋友的支持。当亲人采取简单否定的态度时，便削弱了恋爱的外在理由，这导致恋爱者的认知出现了不平衡，于是，他们只好把内在的情感因素升级，以解释自己恋爱对方的行为，使自己的认知重新处于平衡状态。这便是中学生在异性交往中，易把友情当恋情的重要原因之一。因为好奇心和个性的互补，在异性交往中，交往双方更容易获得满足感。但许多老师、父母对中学生的异性交往都疑神疑鬼，甚至明确反对，这就使交往者把满足感解释为双方的依恋，从而误认为自己已经坠入爱河。

2. **91 公分之外(法)**　这是一部有关精神分裂症的动画短片。从主角与医生所处的环境可以看得出来，医生所使用的是弗洛伊德的精神分析的治疗方法：病人躺在躺椅上，医生坐在病人背后对病人进行问话。故事围绕主人公向一位心理医生倾诉而开始的，主人公亨利被陨石砸到后，发现它离现实生活中的自己相差了 91 厘米，也就是与正常人(没被陨石砸到的自己)相差了 91 公分。他所要触摸的事物(座机，椅子之类的)都要在 91 厘米之外进行，也就是说，他的灵魂与身体偏离了 91 公分，他的生活和现实偏离了 91 公分，造成了心理及生理上的严重困扰，也就是说，所谓的精神分裂。而后又被陨石砸了一次的他，本来以为能够回到原位，回到正常的生活，但他发现自己又向下偏离了 75 公分，而后他的精神与地球偏离，漂浮在宇宙中，最后的结尾是跳楼了。

仅就从此片中所提供的信息来看，主角的精神分裂是来自外在的压力与打击，让自己感到无法适应这个社会，从此开始自闭，并最终爆发成精神分裂——严重的妄想症。我们可以从片中找到线索与证据。在片中，一直都是主角在自述(医生的话及电话中的妈妈的声音只算是背景)，更重要的是，在片中，主角与周围的一切都是格格不入的，妈妈，叔叔，医生，还有更重要的自己的工作。这种不适应性成了一种无形的压力，这种压力在主角的幻想中最终变成了一颗陨星击中了他并使他与他自己偏移了 91cm。有陨石砸落吗？或许只是主人公精神分裂的一种自我臆想，也算是一种逃避现实的表现，他依靠心灵认为的分离也许在摆脱现实带来的压抑。从家中简单的摆设和灰黑的色彩就是一种心情的沉淀。尤其是所居住的楼房显得很高，也可以觉得这似乎是为了体现这个人在如此紧张，高频率生活步调的人群中的情况。给我开始有异样感觉的就是主人公想凭借陨石回到原来的位置，却没料到偏移的更加严重，此时的他已经彻底沉浸自我的思维中却无法自拔。最后他还是离开了这个他不能理解的人世，他想到更自由、更与世无争的纯洁的天空中去。最后的最后，他借助陨石的坠落成功地自我封闭，成功地将对世间的不满发泄。他有精神病，甚至他自己都知道，可是没有人向他在黑暗中伸出一双手，他得到的只有那些冷漠的回答与无情的精神上的拒绝。所以他就自己帮助自己离开了。我们可以说最后的那句话是说那个人的疯言疯语，也可以说不过是一个人的心声，对我们的呼喊。没有人看到他们的世界，不是吗？那只是与我们所认为的不同罢了。如果我们尝试理解，他们也许会从幻想中走出，重新接受这个世界。

91 公分是一个距离，如灵魂与肉体分离的距离，这个灵魂可以观察到世界……但就算有这个距离如何，他旁边的那个永远是他，你无法因为偏移了距离就说明精神分裂的他发生了本质的变化。也算是对人生的另一种思考方式。我们面对与别人不同的遭遇所处于的心理。

五、巩固习题与答案

（一）单项选择题

1. 成年初期的年龄界限是（　）
   A. 15 至 21 岁　　B. 18 至 35 岁
   C. 22 至 40 岁　　D. 11 至 18 岁
2. 成年初期的年龄规定依据生理成熟、心理成熟的同时，参照（　　）来进行
   A. 法律规定　　B. 个性成熟
   C. 社会成熟　　D. 文化程度
3. 成年初期个体的思维发展水平处于（　　）
   A. 感知运动阶段　　B. 前运算阶段
   C. 具体运算阶段　　D. 后形式运算阶段
4. （　）是自我意识、心理自我迅速发展并走向成熟的时期
   A. 青春期到成年初期　　B. 少年期到青年后期
   C. 青年期到成年初期　　D. 少年期到成年初期
5. 成年初期的思维方式以（　　）为主
   A. 推理假设　　B. 创造性思维
   C. 以依靠经验为主导，多种思维并存　　D. 辩证逻辑思维
6. 个体进入成年初期以后，思维中（　　）的绝对成份在逐渐减少，（　　）成份逐渐增加
   A. 假设 求实　　B. 评价 判断
   C. 臆想 思考　　D. 逻辑 辩证
7. 关于大学生思维转变具有三个阶段的第三阶段，下列说法**不正确**的是（　）
   A. 此阶段的个体不仅能进行抽象逻辑思维，而且在分析事物时具有自己的立场和观点；
   B. 对各种现象的解释能持相对的态度，由于能意识到所有运动及变化的性质

C. 通过权衡比较不同的理论、观点，从而找到能够解释现实的有效理论
D. 既能坚持那些约定俗成的立场和思想观点，又能随时对此做出调整

8. 成年初期个体创造性思维成果是（　）
A. 具有独创性、新颖性及其社会价值
B. 具有首创性、发现性和突破性
C. 能对前人的研究成果做出有效总结
D. 成年初期期的集中产物

9. 思维第五阶段中，关于里格的辩证运算下列说法正确的是（　）
A. 成人的思维大多体现于辩证的形式思维
B. 在空间守恒任务中，个体并未表现出守恒的能力
C. 越来越接受矛盾，逐步达到思维的成熟阶段
D. 现代心理学研究的主要运算方式

10. 对于成年初期的个体来说，在记忆方面特点是（　）
A. 机械记忆能力处于高峰期
B. 有意记忆、理解记忆占据主导地位
C. 逻辑记忆能力发展速度加快
D. 记忆容量持续缓慢增长

11. 从成年初期智力表现的总体水平来看，智力发展的总特点是（　）
A. 逐步稳定　　B. 缓慢提升
C. 先快速发展，后稳步增加　　D. 快速发展

12. 在想象力方面，成年初期个体想象力呈现以下哪些特点（　）
A. 迅速发展，天马行空
B. 合理成分及创造性成分明显增加
C. 更能体现时代特色，具有一定从众性
D. 以理性思考为主，创造力与多种思维并存

13. 思维第五阶段中，关于拉博维 - 维夫成人思维实用性，下列说法正确的是（　）
A. 是认知发展的最高级阶段
B. 强调人的思维的具体性与灵活性对于诸如现实与可能、归纳与演绎、逆向性与补偿作用
C. 非常强调青少年与成人生活环境的差异对思维的影响
D. 部分否定了皮亚杰关于成人认知发展是形式运算能力对社会顺应的观点

14. 艾里克森认为，成年初期的发展课题是（　）
A. 自我同一性的确立，防止同一性扩散
B. 获得亲密感以避免孤独感
C. 建立健康的思想道德观
D. 自我意识的修正、自我的形成

15. （　）对自我的形成及自我意识的发展具有巨大影响
A. “成功”和“失败”的经验
B. 他人的评价
C. 个体独立的意识

D. 自身在社会中的作用、地位和身份

（二）多项选择题

1. 成年初期个体发展的主要任务是（　　）
   A. 与父母关系和谐　　B. 恋爱、婚姻、家庭的确立
   C. 自我同一性的追求和确立　　D. 职业的选择与事业的发展
2. 成年初期个体心理发展的特点是（　　）
   A. 自我意识得到了迅速发展　　B. 自我同一性确立
   C. 人生观、价值观趋于稳固　　D. 真正意义上的社会人
3. 个体毕生发展过程中从儿童走向成人的第一个时期是（　　）
   A. 成年初期　　B. 青年晚期
   C. 青春期　　D. 青年初期
4. 成年初期的认知发展主要表现为（　　）方面的发展变化
   A. 思维　　B. 记忆
   C. 智力　　D. 想象
5. 成年初期个体的思维优势主要表现在（　　）等方面
   A. 理解能力　　B. 分析问题的能力
   C. 推理能力　　D. 创造思维能力
6. 在观察力方面，成年初期个体具有（　　）
   A. 主动性　　B. 持久性
   C. 敏锐性　　D. 深刻性
7. 影响成年初期自我形成的因素包括（　　）
   A. 个体积累的知识经验
   B. 来自他人的评价
   C. 个体独立的意识
   D. 自身在社会中的作用、地位和身份
8. 艾里克森认为成年初期个体发展课题是（　　）
   A. 自我同一性的确立　　B. 防止同一性扩散
   C. 获得亲密感　　D. 避免孤独感
9. 成年初期的重要的发展任务是（　　）
   A. 自我意识的发展　　B. 自我同一性的确立
   C. 自我的形成　　D. 自我分化
10. 成年初期个体的社会观主要表现为（　　）
   A. 人际观　　B. 自我观
   C. 审美观　　D. 宗教观

（三）名词解释

1. 后形式运算
2. 延缓偿付期
3. 人际观
4. 自我观
5. 网络成瘾

（四）简答题

1. 什么是思维发展的第五阶段？
2. 试述成年初期的认知特点有哪些？
3. 成年初期社会交往特点是什么？
4. 成年初期个体职业心理发展具有哪些特点？
5. 影响成年初期自我意识发展的因素有哪些？
6. 成年初期个体道德观发展的特点是什么？

（五）论述题

1. 试述成年初期个体人生观及社会性发展的特点。
2. 成年初期个体爱情的特点有哪些？如何看待试婚问题？
3. 分析网络成瘾的形成原因，如何进行有效干预？

六、参考答案

（一）单项选择题

1. B　2. C　3. D　4. A　5. D　6. D　7. C　8. B　9. C　10. B
11. A　12. B　13. C　14. B　15. A

（二）多项选择题

1. BCD　2. ABCD　3. AB　4. AC　5. ABCD　6. AB　7. ABCD　8. CD　9. AB
10. ABCD

（三）名词解释

1. 后形式运算：心理学家用来描述个体思维超出皮亚杰形式运算阶段以后的认知图式，称为后形式运算。

2. 延缓偿付期：开始步入成年初期的青年，他们在做出某种决断的时候往往进入一种“暂停”局面，在这一时间内，青年可以合法地延缓所必须承担的社会责任和义务，因此，青年期又被称为“延缓偿付期”。

3. 人际观：指在人际交往过程中，交往主体对交往客体及其属性与满足交往主体需要的程度、重要性做出评价的观念系统，它包括对人际交往的动机、目标、手段等的基本态度和看法。

4. 自我观：是指个人对自己以及自己与他人和社会关系的观念系统。

5. 网络成瘾：网络成瘾又被称为网络性心理障碍。网络成瘾属于无成瘾物质作用下的上网行为冲动失控，表现为由于过度使用互联网而导致个体明显的社会心理机能损伤。

（四）简答题

1. 什么是思维发展的第五阶段？

皮亚杰以认识论为理论基础，把个体的思想发展划分为感知运动、前运算、具体运算、形式运算四个阶段。后来的研究者发现，皮亚杰的阶段划分并不完整，形式运算并不是个体认知发展的最高阶段。到 20 世纪 80 年代以后，研究者用后形式运算、反省判断、辩证思维、认识论认知等不同的概念，来描述个体思维超出皮亚杰形式运算阶段以后的认知图式，统称为思维发展的第五个阶段。思维发展的第五个阶段就是成人前期的认知特点。

2. 试述成年初期的认知特点有哪些？

成年初期的认知发展主要表现为思维和智力方面的发展变化。

思维方面的发展：辩证的、相对的、实用性的思维形式逐渐成为这个时期个体的重要思维方式。成年初期个体的思维优势主要表现在理解能力、分析问题的能力、推理能力以及创造思维能力等方面。这个时期的个体，已具有较为稳定的知识结构和思维结构，并积累了许多经验，思维品质趋于稳定。

智力方面的发展：成年人的智力特点主要是体现于对知识的应用上，这一特点从成年初期开始便明显地表现出来，而且由于知识的获得及应用在这个年龄阶段形成了良好的有机结合，才使得成年初期个体智力结构中的诸要素在基本保持稳定的同时，仍向高一级水平发展。如：在观察力方面，成年初期个体具有主动性、多维性及持久性的特点，既能把握对象或现象的全貌，又能深入细致地观察对象或现象的某一方面，而且在实际观察中，观察的目的性、自觉性、持久性进一步增强，精确性和概括性也明显提高。在记忆方面，对于成年初期的个体来说，虽然机械记忆能力有所下降，但成年初期的前一阶段是人生中逻辑记忆能力发展的高峰期，其有意记忆、理解记忆占据主导地位，而且记忆容量也很大。在想象力方面，成年初期个体想象中的合理成分及创造性成分明显增加，克服了前几个发展阶段中所表现出的过于虚幻的想象，使想象更具实际功用。

3. 成年初期社会交往特点是什么？

成人初期随着个体社会生活领域的扩大，以及社会角色的变化，人际交往的范围和形式与以往相比发生了明显的变化。特别是随着个体在经济、心理等方面独立于父母或其他成人，开始工作，经历爱情、婚姻并成立家庭之后，社会交往比以前又增添了同事关系、上下级关系、夫妻关系、代际关系等重要的人际关系，使人际交往更加繁琐复杂。处在这一阶段的个体随着自我同一性的发展，对自我有了重新的认知，开始摆脱那种肤浅的、表面的对外界及对自我的认知，在人际关系上也有了新的特点，表现为个体不仅能够体验人际关系的深刻内涵，而且已能领会与人交往的艺术。能够按照自己的需要、愿望、能力、爱好同其他人发展良好关系，并在交往中表现出对他人更友好、和善和尊敬，能够准确地感知他人的思想、情感，赢得他人的好感和支持，为开创自己的事业奠定社会关系的坚实基础。

4. 成年初期个体职业心理发展具有哪些特点？

追求事业上的成功是成年初期个体职业发展的总特点。具体表现为：

（1）事业的选择：选择事业是事业成功的开始。据张进辅等人调查表明，成年初期个体职业选择最为优先考虑的五项择业标准依次是：工作有发展前景、能发挥个人的潜力、有较高的工资收入、工作符合自己的兴趣、有较好的工作环境和团体氛围。

有利于个人发展是成年初期青年择业时的一个显著特点。自我实现的需要是人的一种高级需要，对于刚刚步入社会的青年人来讲，他们富有活力，思想开放，带有一定的理想主义色彩，而职业又是他们实现人生理想的基础。青年人往往选择自己喜欢和愿意干的职业，希望能在职业中发挥自己的特长，能把自己所学到的知识应用到职业中去，他们已经把自我发展和社会发展结合起来，能够从自己所从事的职业在生活中的地位和贡献的角度来定位自己的发展，在工作中实现自我的人生价值。

除此之外，现代青年的择业观也不再是一次选择定终身，而是朝着多元化方向发展。他们勇于接受时代的挑战，能够根据自身的性格、能力以及兴趣适时地调整个人的职业目标，这对于人才的合理配置起到很大作用。青年也在不断的调整中充实和完善自己，从而为社会做出更大的贡献。

(2) 职业的价值观：成年初期个体在事业上是否成功，往往与职业的价值观联系在一起。实用主义是大多数现代青年职业发展中的价值取向。现代青年择业观不再是过去那种重义轻利的传统观念，而是把对经济利益、社会地位和自我价值的追求放到了突出的位置。他们以全新的思维方式去面对生活，不安于现状，不迷恋固定职业，不为从事传统所尊敬的职业而牺牲个人的兴趣和才能，如果能为自己获得更好的发展机会和生活条件，他们可以到社会需要的任何地方去工作。现代青年在择业时已经不再注重虚无的名望，而是带有强烈的实用主义色彩。

(3) 职业心理准备：对于刚刚步入社会的青年来讲，良好的职业心理准备是追求事业成功的基础。职业心理准备主要包括：①准确把握职业的意义；②充分了解和认识社会；③认识自己，准确定位，扬长避短；④培养主动和积极的竞争心理，强化择业的自主意识；⑤发展职业需要的技能和品质。

5. 影响成年初期自我意识发展的因素有哪些？

成年初期，个体自我意识的发展促进了成年初期自我的形成。自我的形成，是经过整个青年期的分化、整合过程之后得以最终完成的。影响这一过程的因素既包括个体积累的知识经验、对他人的态度、来自他人的评价，也包括个体独立的意识及自身在社会中的作用、地位和身份等。

青年在生活中所积累的知识经验直接影响到自我意识的发展，特别是“成功”和“失败”的经验，对自我的形成及自我意识的发展具有巨大影响。青年正是通过自己对这些经验的再评价，来不断修正自我意识。

另外，来自他人的评价也会直接对自我意识的修正、自我的形成产生作用。自我意识尚未得以确立的青年，往往对他人的评价非常敏感。成年初期的青年，则可以通过他人对自己的态度、评价来认识并确认自我的存在价值。

成年初期自我明显的分化，意味着自我矛盾冲突的加剧，其结果造成自我在新的水平和方向上达到协调一致，即自我统一。但是，这并不意味着自我发展的结束。自我的形成，是以自我同一性确立而获得安定的心理状态为标志的。

6. 成年初期个体道德观发展的特点是什么？

成年初期道德的发展具有明显的阶段性，个体的道德观念、道德情感和道德行为都经历了一个从不完善向完善、不稳定向稳定、不平衡向平衡、不成熟向成熟的发展过程。具体表现为，随着个体认知能力和自我意识的发展以及生活经验的增加，青年初期个体的道德品质发展已趋于初步成熟，他们对父母所认为的“是非”观念，不再像儿童期一样，毫不迟疑的一概接受。他们开始以儿童期所建立的道德观念做基础，建立起自己的道德意识。当个体发展至成年初期时，由于个体的智力发展已达到“鼎盛”时期，其社会认知能力开始进入较高发展水平，道德判断与青少年相比具有了明显的深刻性和批判性，道德情感以及道德行为也发展至较高水平，表现为道德情感已具有稳定性和高尚性，道德行为也更为理智。与青少年相比，成年初期个体考虑问题更全面一些，能够更多地从他人角度去看问题，即观点采择。同时，生活条件的变化，新角色的形成，也增加了他们道德推理的准确性。他们更能自觉地运用普遍认同的道德观点、道德原则和理论标准进行自律，道德的社会认知能力和道德目标都开始进入高水平阶段。

（五）论述题

1. 试述成年初期个体人生观及社会性发展的特点。

人生观发展特点：

（1）成年初期人生观形成并逐渐稳固：人生观并非是与生俱有的。人生观的形成和发展，是以个体的思维和自我意识发展水平，以及对社会历史任务及其意义的认识为心理条件的。研究表明，个体的人生观萌芽于少年期，初步形成于青年初期，人生观的成熟或稳定是在青年晚期或成人初期。青年初期之前，个体对人生虽能提出各种疑问，但探索人生的道路和思考人生的意义往往不是很自觉、很成熟的。进入青年初期之后，随着社会生活范围的扩大，生活经验的丰富，心理水平的提高，个体开始较为主动和经常地从社会意义与价值来衡量所从事活动和接触的事件，到了青年晚期即成人初期，随着个体思维和自我意识水平的快速发展，特别是随着社会性需要的发展水平的提高，个体加深了他们对社会生活意义与作用的认识，使他们不至于因外界环境条件的变化而改变对社会生活意义的看法，从而使青少年初期初步形成的人生观日趋稳定和巩固。

（2）价值观、价值体系形成：成年初期价值观的形成是与自我意识的发展密切联系、相辅相成的。价值观影响着自我意识的发展水平，自我意识的发展水平又影响着价值观的形成。价值观一旦形成，就可以促进个体人格的整合，从而保证人的行为的一贯性和连续性。而行为的一贯性和连续性，是个体步入社会、履行成人职责的先决条件之一。

（3）道德观念逐步完善：个体的道德观念、道德情感和道德行为都经历了一个从不完善向完善、不稳定向稳定、不平衡向平衡、不成熟向成熟的发展过程。具体表现为随着个体认知能力和自我意识的发展以及生活经验的增加，青年初期个体的道德品质发展已趋于初步成熟，他们对父母所认为的“是非”观念，不再像儿童期一样，毫不迟疑的一概接受。他们开始以儿童期所建立的道德观念做基础，建立起自己的道德意识。当个体发展至成年初期时，由于个体的智力发展已达到“鼎盛”时期，其社会认知能力开始进入较高发展水平，道德判断与青少年相比具有了明显的深刻性和批判性，道德情感以及道德行为也发展至较高水平，表现为道德情感已具有稳定性和高尚性，道德行为也更为理智。

社会性发展特点：

（1）社会角色的变化

成人初期，每个人的社会角色都发生了很大的变化。因此，处于这一时期的个体要通过角色学习来了解和掌握新角色的行为规范、权利和义务、态度和情感，以及必要的知识和技能等，以实现角色与位置、身份相匹配，使个体在现实生活中扮演的角色符合社会对该角色应遵守的行为规范的要求，达到角色适应。

（2）社会交往的特点

成人初期随着个体社会生活领域的扩大，以及社会角色的变化，人际交往的范围和形式与以往相比发生了明显的变化。特别是随着个体在经济、心理等方面独立于父母或其他成人，开始工作，经历爱情、婚姻并成立家庭之后，社会交往比以前又增添了同事关系、上下级关系、夫妻关系、代际关系等重要的人际关系，使人际交往更加繁琐复杂。处在这一阶段的个体随着自我同一性的发展，对自我有了重新的认知，开始摆脱那种肤浅的、表面的对外界及对自我的认知，在人际关系上也有了新的特点，表现为个体不仅能够体验人际关系的深刻内涵，而且已能领会与人交往的艺术。能够按照自己的需要、愿望、能力、爱好同其他人发展良好关系，并在交往中表现出对他人更友好、和善和尊敬，能够准确地感知他人的思想、情感，赢得他人的好感和支持，为开创自己的事业奠定社会关系的坚实基础。

2. 成年初期个体爱情的特点有哪些？如何看待试婚问题？

爱情是指男女间一方对另一方所产生的爱慕恋念的感情。目前，我国成年早期个体的恋爱及爱情观有三大特点：

（1）爱情价值观呈现多元化趋势。随着时代的发展，青年的爱情价值观经历了一个从量到质的演变，但对于不同的职业人群，其演变的内容又有所不同。虽然情感越来越成为男女婚恋的基础，但是，计划经济向市场经济的转变，使婚恋的“含金量”急剧增加。其中两个原因是：一方面，市场经济提升了金钱在人们心目中和社会生活中的地位，人们在现实婚恋中感受到了它的“魔力”；另一方面，市场竞争和消费诱惑给婚恋生活带来了压力。因此，青年在婚恋中追求情感的同时，金钱等物质的因素成为重要条件甚至是硬件，影响着婚恋双方的正确判断和选择。2010 年全国妇联中国婚姻家庭研究会进行的全国婚恋调查显示，20～35 岁人群中，49.7% 的女性将经济条件看作重要的择偶标准，对“男性具备哪些经济条件才能结婚”，位列前三的选项分别是有稳定收入（85.9%）、有房（57.6%）、有一定的积蓄（53.8%），凸显了择偶中女性对男性经济实力的严苛要求。54.0% 的男性将容貌外表作为重要的择偶标准，凸显了男性对女性容貌的要求。男人在择偶时更注重对方的外貌、性格、年龄等方面，女性比较关注对方的经济收入和社会地位，这反映了现代人对婚姻的认识。

（2）当代青年择偶更注意个体内在的素质，注重爱情等精神需要。张进辅等（2005）研究发现，青年最看重的 9 个择偶标准依次是人品、爱情、性格、责任、未来幸福、健康、才能、兴趣、发展前途。在职青年重视的前三项条件是：品德修养、性格脾气、健康状况；在校学生重视的前三项条件是：性格脾气、品德修养、外貌身材。另外，在事业发展潜力、职业、学历、健康状况等方面，女性的要求略多于男性。

（3）当代青年对婚前性行为持更为包容的爱情道德观。他们认为性是一种个人化活动，不应该以道德和法律来衡量。一项对北京市 497 名青年的婚姻观调查显示，在已婚或已有恋人的 272 人中，有 48.2% 的人有过婚前性行为。所有被调查者中有 51.5% 的人认为“恋人间的婚前性行为是正常的，可以理解的”，认为是“不正当”的只有 13.6%；而从道德上加以谴责，认为婚前性行为是“道德堕落”的人只有 14.8%。虽然青年男女对性关系持比较开放的态度，但他们并不是性自由论者。性行为的一个最基本的前提是男女间存在着爱情，但是否有合法的婚姻形式则不被看作是一个重要的条件。40.3% 的被调查者同意“只要两个人相爱，不结婚也可以发生性关系”。

试婚是指男女双方不受法律约束的、带有一定实验性质的同居行为。试婚这种特殊现象在我国悄然流行，甚至渐成时尚。据调查，上海市 5 个区中 20～35 岁的青年中，试婚者占 8%，达 1460 对。在上海 100 对具有大专文化程度的新婚夫妇中，有 30% 曾有过婚前同居生活。福建省某市妇联的调查表明，试婚者已占婚龄人口的 22.8%。当前，我国大学生婚前性关系发生率呈上升趋势，一些大学生租房同居也已是公开的秘密。

不能否认，大多数试婚者的最初动机都出于渴望日后有个幸福美满的婚姻。但由于各种社会的或自身的原因，他们对婚姻暂时还缺乏一定信心，所以决定在正式登记结婚前同居生活一段时间，彼此熟悉，彼此磨合，彼此适应，以确定这桩婚姻对自己和对方是否合适。有人戏称试婚为：先上车，后补票。

试婚既然是“试”，就会有两种结局：要么成功地走向幸福的婚姻；要么以失败告终。试婚是否真能像试婚者希望的那样有助于进一步了解对方的性格、兴趣、生活习惯，使将来婚姻更加稳定；有助于预先感受性爱，了解彼此性能力，从而提高今后婚姻质量？对于每一位选择这种生活方式的青年男女来说，走上试婚路之前，不妨多些理智，少些冲动，多份责任感，少份游戏态度。

3. 分析网络成瘾的形成原因，如何进行有效干预？

网络成瘾属于无成瘾物质作用下的上网行为冲动失控，表现为由于过度使用互联网而导致个体明显的社会心理机能损伤。网络成瘾又被称为网络性心理障碍。网络成瘾的主要表现为：不由自主的强迫性网络使用，上网几乎占据所有时间和精力；在网络中获得强烈的满足感和成就感；一旦停止网络上网会出现心理和生理方面明显或严重的不良反应。如抑郁、焦虑、行为障碍和社交问题等。

网络成瘾的原因：

（1）网络本身的特征。网络具有匿名性，具有不受现实生活交流方式限制的自由度，尤其是网络运行具有的娱乐性、互动性和虚拟现实的特点对青年具有很大的吸引力，往往不自觉地陷入网瘾而不能自拔。

（2）个体人格特征。研究发现，在人格特征方面具有高焦虑、低自尊、抑郁倾向的个体更容易网络成瘾。

（3）家庭环境不良、生活压力过大。家庭中亲子关系、父母关系以及夫妻关系不和谐，长期遭受心理困扰，或在生活中受到挫折较多，而产生情绪、认知和人际关系失调，因此借助网络来舒缓压力、寻找安慰，逃避现实中遇到的困难。

网络成瘾的干预：

（1）药物治疗：药物治疗一般是与心理治疗结合使用，主要使用抗焦虑药、抗抑郁药和心境稳定剂以控制网络成瘾者的冲动行为以及伴有的焦虑、抑郁等情绪症状。目前对于网络成瘾的药物治疗仍有不同的意见，处在尝试的阶段。

（2）心理治疗：有研究发现，以心理治疗为主药物治疗为辅的干预方案可使网络成瘾治疗的成功率从10%上升到了85%。可采用认知行为疗法、家庭疗法、自助组织、行为治疗、团体心理治疗等来对网络成瘾进行心理干预。对网络成瘾的认知行为治疗和其他物质成瘾治疗类似，主要包括评估、诊断、制定治疗计划、干预和有效性评估等一系列的内容。具体的治疗策略包括认知重构、行为练习和暴露治疗等；青少年网络成瘾往往提示着家庭功能的失调，家庭治疗以整个家庭为治疗对象，强调家庭成员之间关系的改变引起成员个体行为的改变；自助组织能发挥作用在于将有共同问题的成瘾者放在一起，相互支持、相互帮助，共同为成瘾行为的控制而努力；行为治疗可采用强化干预和厌恶疗法。

（3）个人自助：成瘾个体自己采取一些措施和办法来控制成瘾行为，如在时间上打破使用的定式，求助于外力制止上网行为，制订限制使用网络的目标，制作个人生活的清单，丰富自己的生活，减少上网行为。

（蚌埠医学院　谢杏利）

第十章　成年中期身心发展规律与特点

一、学习要求

1. **掌握**　成年中期的概念；成年中期个体心理发展的一般性规律。

2. **熟悉**　成年中期个体在生理、认知、情感、社会性和人格等方面的身心发展变化特点。

3. **了解**　家庭的性质、婚姻关系的特征、古尔德的发展任务的观点、心理疲劳的自我调适、更年期综合征的应对。

二、重点难点

1. **重点**　成年中期认知、情感发展的一般特点；成年中期个体面临的发展任务。

2. **难点**　心理疲劳的自我调适、更年期综合征的应对。

三、内容精要

成年中期是指人生中35～60岁的阶段，这一时期个体生理、心理既表现出平稳的特点，又表现出过渡的变化性。多重的社会角色决定了这一时期个体有别于其他年龄段的心理特点。

成年中期既是生理成熟的延续阶段、又是生理功能从旺盛逐渐走向退化的转变期，脑和各器官逐步走向退化，在中年向老年过渡过程中生理变化和心理状态明显改变的时期称为更年期，更年期年龄在50岁左右，女性早于男性。成年中期处于智力发展的最后阶段，从55岁或60岁后，智力发展开始停滞并逐渐趋于衰退；晶体智力继续上升，流体智力缓慢下降；智力技能相对稳定，实用智力不断增长；成年中期是创造力表现最好的时期。这个时期个体的情绪、情感更加仁富、稳定、深厚。人格发展已经成熟，表现出相当的稳定性，性别角色日趋整合，更加关注自己的内心世界，对生活的评价更具现实性。由于工作和阅历，中年人有着广泛而复杂的社会交往，保持比较稳定的交友标准和处世原则，逐渐形成了深刻而稳定的人际关系。成年中期也有其特定的发展任务，如搞好职业管理、培养亲密关系、关心照顾他人、搞好家庭管理。在完成发展任务的过程中，会遇到这样或那样的心理问题，完美地完成发展任务可促进个体成熟发展、减少心理问题。成年中期是一个充满挑战的时期，同时也是一个充实自我、实现自我的黄金时期。

四、阅读拓展

1. 许淑莲、申继亮著：《成人发展心理学》，人民教育出版社，2006.

该书研究与年龄有关的成年期心理发展和变化，描述、解释、预测以及改善成人个体本身及个体间因年龄而发生的发展和变化。与此同时，成人发展及其年老化的个别差异是研究的另一方面内容，而且是近年来比较重视的一个研究方向。两方面研究的结合如实地反映成人发展的实际情况。虽然介绍了整个成年期的心理发展，但对与理解成年中期的发展规律与特点很有帮助。

本书内容共十二章：第一章概述成人发展心理学，第二章介绍成人发展心理学的研究方法，第三章讲解成人的生理变化，第四章涉及成年人的记忆发展，第五章第六章讲解成人智力发展，第七章主题为个性发展，第八章阐述情绪发展，第九章 讲解成人的家庭特点，第十章至第十二章讲解老年期的退休、心理健康等内容。

2. [美]黛安娜·帕帕拉、萨莉·奥尔茨等著，李西营、冀巧玲等译:《发展心理学——从成年早期到老年期》下册，人民邮电出版社，2013.

本书系统地阐述了成年及老年心理发展领域的各种理论和重要研究，着重介绍了成年早期、成年年中期、成年晚期的生理、认知和心理社会的发展历程，并描述了生命结束阶段中的死亡和丧亲等相关问题，并引导人们克服死亡恐惧及如何应对死亡。语言精炼生动、图文并茂、结构清晰新颖，有科学性、知识性和通俗性的特点，适合心理学专业学生，也适合于对成人心理学感兴趣的读者。

其中第七编主要介绍成年中期的发展特点：第 15 章成年中期的生理和认知发展；第 16 章成年中期的心理社会发展。

3. [美]约翰·阿莫德奥(John Amodeo)著，夏天等译:《人到中年仍要爱·聚焦：探索爱的成熟之道》，南方日报出版社，2014.

本书为通俗心理学读物，以聚焦心理学的视角解读中年阶段的个人成长及两性关系，探索当代社会背景下男女之间的亲密、婚姻关系的问题，并尝试性地给予一系列可能解决的指导方案，促进读者更好地认识自己。它不是一部理论著作，确是很具有实际操作性的作品。贯穿全书的 8 个步骤，专业性强，循序渐进。一旦开始，每一步都能看到自己的改变。

第一步：成熟的爱；第二步：羞耻感；第三步：真实的自己；第四步：通过边界尊重自己：第五步：练习自我抚慰：第六步：真诚交流尊重他人；第七步：承诺在婚姻中建立信任：第八步：爱与性。

经典案例

步入中年的老孙和老王

今年 52 岁的老孙在某大学工作，现在可谓事业蓬勃发展，工作业绩丰硕，已经成为单位的学科带头人；他说话办事更加老练稳重，工作经验更加丰富，年轻人有什么解决不了的问题，都愿意找他请教帮忙，他也常常从中感到莫大的满足；在家庭中他是模范丈夫和父亲，在繁忙的工作之余，总是不忘帮助妻子料理家务照顾孩子，在他的培育下孩子们都上了名牌大学，并且开始成家立业。但老孙最近一段时间总感到心里空荡荡的，他的父母都已 70 多岁，身体多病，三天两头住院需要他照顾，这使他感到不胜心烦，这也不断提醒他——每个人的生命是有限的。另外，他自己也常常感到体力精力不如从前，加班常常让他感到非常疲劳，领导交办的事情一定要记到本子上，唯恐忘记，因为近来好几次忘记了领导交代的工作，受到领导的批评。有一天忽然发现自己不戴花镜无法阅读五号字的文稿，前几天单位为员工体检，结果发现自己的血压、血脂、血糖都有问题，肌肉关节也常常出现酸痛，有时还会感到莫名其妙的烦躁。这一系列的状况，让他开始思考，自己还有多长时间退休，自己还能活多少年，也忽然意识到自己不知不觉中已经走过了人生三分之二的历程，于是产生了很多感慨，并开始规划自己退休以后的生活。

老王和老孙是同龄的好朋友，事业没有老孙那么顺，家庭灾难也过早地降临到他的头上。在他 47 岁时，爱人患癌症不幸去世，他以一人之力担负起家庭的责任，孩子在他的培育下，还算出息，大专毕业后能够自食其力，现已成家。孩子的独立让他突然感到无所事事，好像自己忽然间没有了存在的价值，更让他感到伤感的是，他儿时的几个好友相继因各种原因中年早逝，这更加让他感到人生苦短，生命无常，所以经常郁郁寡欢闷闷不乐。好友老孙劝其多参加体育活动，调整自己的心情，于是他捡起了放弃多年的羽毛球运动，开始定期锻炼，快乐的体育活动，让他有了一批工作以外的新朋友，使他的心情逐渐好了起来。但是，天有不测风云，一次运动中，不小心拉断了跟腱，一躺就是 100 天，这一次拉伤让他深深地领悟到自己已经不是年轻时候的自己，大幅度的剧烈运动已经不再适合自己，于是开始思考应该选择一个什么样的锻炼方式才能延年益寿……。

案例分析：

老孙和老王都处于成年期的中间阶段，即成年中期，这是一个较长的发展阶段，是个体从成熟向衰老逐渐过渡的转折时期。在这个阶段里，某些普遍存在的发展特点都体现在老孙和老王身上。

从生理层面看，成年中期个体的各项生理功能均表现出开始衰退的迹象，如：老孙感觉体力精力不如从前，开始需要老花镜，体检发现自己的血压、血脂、血糖都有问题，肌肉关节常常酸痛。老王的肌肉韧性也不如从前，一次运动中，不小心拉断了跟腱。

从认知的角度看，成年中期个体的晶体智力继续上升，流体智力缓慢下降，老孙的工作经验更加丰富，但记性（前瞻记忆）却不如以前，常常要记到本子上，需要依赖于线索。

在与家人的关系方面，中年人在维护亲密关系、抚养教育孩子的同时，还要照顾日益衰老的双方父母，要处理好同公公、婆婆、岳父、岳母的关系。对于很多成年中期个体来说，该阶段主要的转变是孩子上大学、结婚、或在离家很远的地方工作；自己的老父老母身体多病，需要照顾。

在工作方面，人到中年后，由于生活阅历的丰富、知识技能的成熟，使中年人成为技术的能手、管理的行家，财富的主要创造者和支撑社会的中流砥柱，成为推动社会进步和发展的主力军。同时也意味着中年人肩负着巨大的社会责任，面临着极大的工作压力。

这些变化对多数人来说大约发生在同一时间，因此在某种程度上有着普遍的规律。除此之外，有些特殊的“非常规事件”，即并不是每个同一年龄段的人都会经历到的事件，会使经历者表现出不同的发展变化。

老孙在职业管理、亲密关系、关心照顾他人、搞好家庭管理等方面均能胜任，而老王却因为爱人及好友中年早逝令他感到生命无常，在亲密关系方面无处着力，拉伤跟腱令他真切体验到自身健康状况的衰退和人生苦短，所以经常郁郁寡欢闷闷不乐，没有心力关心和照顾他人。中年人往往用当前的成就去跟既定的奋斗目标相对照，如果基本实现了既定的目标，就可能感受到自我满足，形成积极的自我体验。相反，如果认识到没有或不可能实现既定的奋斗目标，就可能重新评价原来的目标，并重新评价自我。如果在此基础上，不能根据自己的具体情况调整事业目标和努力的方向，那么就会产生消极的情绪体验，如挫折感、停滞感和自我匮乏感。

总之，成年中期是一个充满挑战的时期，绝大多数人能顺利应对这一阶段的挑战，所以这也是一个充实自我、实现自我的黄金时期。

五、巩固习题与答案

(一)填空题

1. 成年中期(middle adulthood),又叫做中年期,一般指____岁左右这段时期。其中中年后期是指____岁。

2. 成年中年的________(即____岁)生理功能的衰退更加明显,对各种疾病的抵抗力开始下降。

3. ____进入后,新陈代谢较青少年时下降10%,这时如继续保持原来的食量,身体将会明显发福,参加体育活动的体力、耐力以及灵活性明显下降。

4. 成年中期是生命过程中由生长、发育、成熟到________的转折时期。

5. ____是指个体由中年向老年过渡过程中生理变化和心理状态明显改变的时期。

6. 沙伊(Schaie)等进行的追踪研究发现,成年中期智力发展的总体趋势是:____。

7. 巴尔特斯(Baltes)等认为人类的智力发展可以区分为两种过程:____和____,也称为____和____。

8. 巴尔特斯(Baltes)等认为成人的智力发展以____为主。

9. ____是创造力表现最好的时期。

10. 由于中年人在生活中扮演多重社会角色,会更多地感受到角色压力,诸如:____和____等。

11. 成年中期处于智力发展的最后阶段,____继续上升,____缓慢下降;____相对稳定,____不断增长。

12. 晶体智力是通过____而获得的智力,它更多地依赖于____。

13. 词汇、言语理解、常识等以记忆贮存为基础的能力是____。

14. 流体智力是以________为基础,相对地不受教育和文化的影响。

15. 知觉的速度、机械记忆、模式识别等反映的是智力成分中的________。

16. 成年中期个体的多重角色造成的压力有________和________等。

(二)单项选择题

1. 成年中期生理功能开始衰退,**不包括**(　　)

A. 情感深沉稳定　　B. 头发开始变白、变稀

C. 皮肤变得越来越粗糙　　D. 肌肉比重下降

2. 关于女性更年期,下列说法**错误**的是(　　)

A. 在此期间,女性的性腺开始衰退直至完全消失

B. 女性更年期的平均年龄为47岁

C. 生理内分泌改变是影响女性更年期综合症的唯一因素

D. 在此期间,可能出现植物性神经系统功能紊乱等一系列症状

3. 关于更年期,以下说法正确的是(　　)

A. 女性比男性晚进入更年期

B. 男性不经历更年期

C. 个体进人更年期后会发生一系列的身心变化

D. 中年人的更年期会严重地影响当事人工作、学习和生活

4. 成年中期，(　　)呈逐渐下降的趋势

A. 晶体智力　　B. 流体智力

C. 一般智力　　D. 特殊智力

5. 下列关于中年人的智力发展模式叙述正确的是(　　)

A. 晶体智力上升、流体智力上升

B. 晶体智力下降、流体智力上升

C. 晶体智力上升、流体智力下降

D. 晶体智力下降、流体智力下降

6. 在强调智力发展的多维性与多向性的前提下，新功能主义代表学者巴尔特斯(Baltes)等认为成人的智力发展以(　　)为主

A. 智力技能　　B. 实用智力

C. 一般智力　　D. 特殊智力

7. 与青少年相比，对中年人而言，影响智力活动的因素主要有三种，其中**不包括**(　　)

A. 社会历史因素　　B. 遗传因素

C. 职业　　D. 身体健康水平

8. 对中年人来说，(　　)是获得创生感和成就感的重要源泉

A. 工作　　B. 学习

C. 收入　　D. 婚姻家庭

9. 成年中期个体人格的发展描述正确的是(　　)

A. 人格发展变化的主要因素是年龄

B. 人格发展变化不受生活事件的影响

C. 人格结构不会发生变化

D. 人格特质的水平基本不变

10. 莱文森认为成年中期的性别角色发展处于(　　)阶段

A. 未分化阶段　　B. 高度分化阶段

C. 整合阶段　　D. 完美阶段

11. 中年人人际关系的特点表现**不包括**(　　)

A. 人际交往广泛而复杂　　B. 中年人朋友的数量要少于青年期

C. 朋友之间的亲密程度要高于青年期　　D. 更容易建立友谊

12. 社会学家将婚后的夫妻关系变化依次度过(　　)四个时期

A. 热烈期　移情期　矛盾期　深沉期

B. 热烈期　矛盾期　移情期　深沉期

C. 移情期　深沉期　热烈期　矛盾期

D. 深沉期　移情期　矛盾期　热烈期

13. 埃里克森认为成年中期的主要任务是(　　)

A. 获得自主感，避免羞耻感　　B. 获得勤奋感，避免自卑感

C. 获得亲密感，避免孤独感　　D. 获得创生感，避免停滞感

14. 认为成年中期个体的痛苦经由转折后，个体会变得积极快乐的学者是(　　)

A. 哈维格斯特　　B. 古尔德

C. 巴特尔斯　　D. 沙伊

15. 心理疲劳的表现**不包括**( )
A. 集中注意能力明显下降　B. 学习效率降低
C. 和工作效率降低　D. 关注范围扩大
16. 下列对于中年期工作效率说法中正确的是( )
A. 整体上中年人的工作效率降低
B. 对于依靠知识的工作,中年人的工作绩效下降
C. 对于依靠体力和反应速度的工作,中年人的工作绩效开始下降
D. 对于依赖技能的工作,中年人的工作效率下降
17. 中年人与朋友的关系的特点描述正确的是( )
A. 中年人朋友的数量要多于青年期
B. 朋友之间的亲密程度要高于青年期
C. 朋友之间的亲密程度要低于青年期
D. 中年人的更容易交到新朋友
18. 处于( )的夫妻冲突逐渐开始出现,可能会出现危机
A. 热烈期　B. 矛盾期
C. 移情期　D. 深沉期
19. 在成年中期,一般不随年龄增长的而衰退的能力是( )
A. 言语理解　B. 知觉速度
C. 图形识别　D. 机械记忆
20. 性别角色在成年中期的表现知( )
A. 男性化　B. 女性化
C. 男女同化　D. 未分化

(三)简答题

1. 成人中期智力发展的一般模式是怎样?
2. 何为晶体智力?
3. 何为流体智力?
4. 成年中期个体的多重角色造成的压力有哪些?
5. 什么是"空巢综合征"?

(四)论述题

1. 怎样理解智力发展的群伙效应?
2. 成年中期人格的发展的趋势有哪些?
3. 影响中年人智力发展的主要因素有哪些?
4. 成年中期有哪些发展任务?
5. 怎样理解职业对成年中期发展的重要意义?
6. 如何应对更年期综合征?

六、参考答案

(一)填空题

1. 35～60　50～60　2. 后期　50～60
3. 成年中期　4. 逐渐衰老

5. 更年期　　6. 上升或稳定

7. 基础过程　应用过程　智力技能　实用智力

8. 实用智力　　9. 成年中期

10. 角色超载　角色冲突

11. 晶体智力　流体智力　智力技能　实用智力

12. 掌握社会文化经验　后天教育

13. 晶体智力　　14. 神经生理

15. 流体智力　　16. 角色超载　角色冲突

（二）单项选择题

1. A　2. C　3. C　4. B　5. C　6. B　7. B　8. A　9. D　10. C

11. D　12. B　13. D　14. B　15. D　16. C　17. B　18. B　19. A　20. C

（三）简答题

1. 成人中期智力发展的一般模式是怎样？

同成年初期以前的各个发展阶段相比，成年中期的智力发展表现出了自己特有的发展模式：总的说来，成年中期处于智力发展的最后阶段，从55岁或60岁后，智力发展开始停滞并逐渐趋于衰退；晶体智力继续上升，流体智力缓慢下降；智力技能相对稳定，实用智力不断增长。

2. 何为晶体智力？

美国心理学家卡特尔（R.B.Catte11）和霍恩（J.L.Horn）将智力测验中中老年人比青年人得分高的测验，可作为一个因子来解释，他们把它命名为“晶体智力”或固体智力（crysta1lized intelligence），认为这种能力是通过掌握社会文化经验而获得的智力，如词汇、言语理解、常识等以记忆贮存为基础的能力，它更多地依赖于个体接受的后天教育。

3. 何为流体智力？

美国心理学家卡特尔（R.B.Catte11）和霍恩（J.L.Horn）将智力测验中中老年人比青年人得分低的测验作为一个因子来解释，把它命名为“流体智力”或流动智力（fluid intelligence），并认为这种智力是以神经生理为基础，随着神经系统的成熟而提高，相对地不受教育和文化的影响，如知觉的速度、机械记忆、模式识别等。可见，神经解剖结构和神经生理功能状态是流体智力的基础。

4. 成年中期个体的多重角色造成的压力有哪些？

角色超载（role overload）是指个体的某个角色在有限时间内，承担诸多客观合理的角色期望，当自身时间和能力不能使其顺利完成预期的工作任务时，便会产生角色超载的紧张状态。

角色冲突（role conflict）是指中年人同时扮演若干个角色，各种不同角色的需求和期望之间相互发生矛盾冲突时，所造成的内心或情感的矛盾与冲突。

5. 什么是“空巢综合征”？

最小的孩子成年后离家，夫妻双方重新过起两个人世界的生活，被称作空巢期（Launching period）。有少部分父母，尤其是原来没有工作一直作家庭主妇的母亲们，她们一直以来照顾自己的孩子来认同自己的价值，当孩子离开父母独立生活后，她们会忽然间感到失去了生活的方向，感情没有了着落，一天无所事事，茫然、彷徨、孤独、抑郁。当这种情绪问题长期得不到解决时，可以诱发一系列身体不适，有些学者将其称为“空巢综合征”。

（四）论述题

1. 怎样理解智力发展的群伙效应？

沙伊（Schaie）等进行的追踪研究发现，社会历史发展对中年人的智力发展具有很大影响。

由童年期发展到成年中期，要经历几十年的发展历程，期间要经历很多社会历史事件，有些历史事件有很强的时代性，给从那个时代走过来的人以极其深刻的影响，以至于使他们形成特征性的认知模式和智力发展特点。这种现象就是“群伙效应（同层效应）”。例如，在上个世纪“文化大革命”期间经历了基础教育阶段全部学习历程的现在的中年一代，由于特殊年代、特殊的被教育过程，使他们的知识构成、认知模式、智力发展的总体水平无不留下那个时代影响的痕迹。我们可以设想，现代的孩子，当他们成为中年人的时候，他们的智力发展水平一定要高于现代的中年人，同时在认知模式上也必将打上改革开放转型时代的烙印。

2. 成年中期人格的发展的趋势有哪些？

（1）人格相对稳定：对多数个体来说，成人中期的人格总体上说是稳定的。这种稳定具体表现在两个方面：一是人格结构的稳定；二是每种人格特质不会有强度上的大的变化。就漫长的成年中期人格发展而言，一般性的变化基本上不存在，但个人的变化却因每个人的生活经历的不同而发生着相当多的变化，因此，我们说成年中期的人格是稳定的，但这种稳定却是相对的。

（2）性别角色进入整合阶段：男女个体都向着“完美人格”的境界发展，在50岁时，心理健康的男性和女性都具有整合的性别角色。

（3）日益关注自己的内心世界：成年中期个体把心理能量转向过去所忽视的主观世界，由外部适应转向内部适应，反思和内省成为中年人心理生活一个重要特色。

（4）对生活的评价更具有现实性：中年人的价值观、人生态度明晰而稳定，他们对社会、对家庭、对他人、对自己的认识更加深刻而客观，对生活的评价也就更具有现实性。

3. 影响中年人智力发展的主要因素有哪些？

（1）社会历史因素：有些历史事件有很强的时代性，给从那个时代走过来的人以极其深刻的影响，以至于使他们形成特征性的认知模式和智力发展特点。这种现象就是“群伙效应（同层效应）”。

（2）职业因素：对于一个中年人来说，长期从事某一职业会使相关能力得到发展。如果所进行的活动要发挥个人的主观能动性，需要运用个人的思考，需要个人进行独立判断等，那么这种职业活动则有利于智力的发挥，从而对智力的发展产生积极的影响。反之，那些简单的、机械的、重复性的职业活动，则对智力的发展的促进作用不大。

（3）身体健康水平：人的大脑发育一般在成年初期达到成熟水平，之后随着时间的推移，各种对大脑有害的刺激所产生的消极效应越来越多，当消极效应积累到了一定水平之后，就会导致脑神经功能的退化，进而影响到智力活动。

4. 成年中期有哪些发展任务？

成年中期的发展任务主要体现在职业管理、培养亲密关系、关心照顾他人以及家务管理等方面。

（1）搞好职业管理：当一个人进入中年期后，职业活动是他的主导活动，职业活动同其

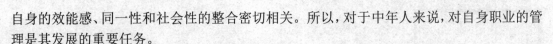

自身的效能感、同一性和社会性的整合密切相关。所以，对于中年人来说，对自身职业的管理是其发展的重要任务。

（2）培养亲密关系：亲密关系的质量是成年个体主观幸福感的重要源泉。在整个成年中期，维持亲密的夫妻关系至少要做到以下三点：①对成长的承诺。②有效地沟通。③创造性地利用矛盾。

（3）关心照顾他人：中年人在社会和家庭中的角色和地位，决定了他们有更多的照顾他人的责任和义务。在众多的照顾任务中，最主要的任务是养育子女和照顾年迈的双亲。

（4）搞好家庭管理：良好的家庭环境在促进智力发展、社交能力、身体健康以及情绪健康等方面具有重要的作用。对于中年人来说，创造一个能增强每个家庭成员潜力的环境，并因此而使家庭受益，是他们的又一个重要的发展任务。

5. 怎样理解职业对成年中期发展的重要意义？

答：（1）工作是获得繁殖感和成就感的重要源泉：根据艾里克森的观点，成年中期正好是获得繁殖感、避免停滞感的发展阶段。职业上的成功是他们获得繁殖感的重要途经。通过工作，他们不仅生产出了大量的物质产品和精神产品，而且还由于丰富的工作经验自觉不自觉的充当起“导师”的角色，将自己的知识和经验传授给年轻的一代，通过工作的成就，获得繁殖感而避免停滞感。

成年中期是个人依赖事业发展的情况，进行自我评价的时期。他们往往用当前的成就去跟既定的奋斗目标相对照，如果基本实现了既定的目标，就可能感受到自我满足，形成积极的自我意识。相反，如果认识到没有或不可能实现既定的奋斗目标，就可能重新评价原来的目标，并重新评价自我。如果在此基础上，不能根据自己的具体情况调整事业目标和努力的方向，那么就会产生消极的情绪体验，如挫折感、停滞感和自我匮乏感。

（2）工作促进个人能力的发展：工作经验和个人成长之间存在着交互作用。用人单位都期望着具有某种特定经验、能力和价值观的人进入特定的工作岗位，他们一旦进入这个岗位，工作环境及其所从事的活动就会影响他的能力，因为长期从事某种工作使自己的某种职业技能得到发展，人际交往能力得到提高。

6. 如何应对更年期综合征？

（1）更年期是指由性功能旺盛的生育期向老年期过渡的一个转折时期，个体进入更年期后会发生一系列的身心变化，若变化非常严重，以至于严重地影响到了当事人工作、学习和生活的现象叫做更年期综合征。

（2）更年期综合征的应对：①构建健康正确的认知：更年期是个过程，而不是疾病；要知道知足；更加关爱他人；与同龄人的交流很重要；兴趣和爱好是转移注意增强生活信心的最好动力。②接受必要的专业帮助。

（陕西中医药大学　姬　菁）

第十一章　成年晚期身心发展规律和特点

一、学习要求

1. **掌握**　成年晚期的概念；成年晚期个体身心发展的一般性规律。

2. **熟悉**　成年晚期个体在生理、认知、感情、社会性和人格等方面的身心发展变化特点。

3. **了解**　成年晚期心理社会性发展阶段理论、心理社会性任务理论、情绪健康理论、临终阶段理论以及成功老龄化的SOC适应模型。

二、重点难点

1. **重点**　成年晚期认知发展的一般规律及可塑性；成年晚期个体面临的挑战、发展任务及应对策略。

2. **难点**　成功老龄化的SOC适应模型。

三、内容精要

成年晚期也叫老年期，一般是指个体60岁到衰亡的这段时期。成年晚期个体在生理特点、认知、感情、社会性和人格等方面体现出一系列的发展变化，能否适应这些变化直接关系到老年期的生活质量和老年人的幸福指数。

老年人由于细胞、器官、组织的退行性生理变化，整体外形也发生了较大变化，体现出老年人独特的外貌特征，同时感知觉出现较为显著的退行性变化，各大系统也出现功能性退化。老年人认知发展随增龄呈现出一定的下降倾向，但最新的研究结果倾向于支持老年人智力出现衰退的时间和程度都比我们预期的要晚要小，而且具有一定的“可塑性”。在感情发展方面，老年人积极情感和消极情感并存，情绪体验比较强烈而持久，感情日益内敛，更善于控制自己的情绪。老年人社会性发展体现在与他人关系中所表现出来的观念、情感、态度和行为等随着年龄而发生的变化。社会性适应水平是老年人身心健康发展的一个重要指标，能否积极适应退休、空巢、丧偶、再社会化以及死亡等重要的社会生活事件，成为老年人安享晚年的重要心理保障，也是成功老龄化的必要条件。

四、阅读拓展

1. **刘荣才. 老年心理学[M]. 上海：华中师范大学出版社，**2009.

该书是在纵观有关老年心理方面的著作和资料后，用独特的视角与自主创新的精神，并以“以人为本的科学发展观”为指导，以促进我国人口健康老龄化、积极老龄化、和谐老龄化、成功老龄化和构建社会主义和谐社会、和谐家庭、和谐自我为目标，根据“心理学中国化”和“心理学要服务社会”的精神及我国老年人心理发展状况，在吸取他人的经验和研究成果的基础上编写而成的，是“老年心理学中国化”的一次大胆尝试。

该书内容共七章：第一章是老年心理学概述，第二章阐述老年心理学专业的基础知识，第三章讲解老年期的生理特征与心理特征，第四章是老年人心理与社会，第五章关注老年人心理与和谐家庭，第六章介绍老年人的心理健康与保健，第七章则是老年人的临终心理与关怀。

2. 张钟汝，张悦．老年心理保健[M]．北京：高等教育出版社，2013.

该书遵循“老有所教，老有所学，老有所为，老有所乐”的理念，贴近老年朋友的生活，以讲座的形式和大众化的语言阐述了老年人的更年期与离退休适应、记忆、学习和智力、性格和情绪以及成年晚期个体的代际心理、婚姻心理、人际交往心理、审美心理、幸福心理、抗挫折心理和长寿心理等内容。

3. 孙颖心．老年心理学[M]．北京：经济管理出版社，2007.

该书既从生理角度来考察老年人的心理变化，又从老年人自身的文化素质、生活条件、生活习惯以及家庭和社会多方面考察老年人的心理变化；既提出自然年龄增长的不可抗拒性，又指出心理年龄并非必然与之同步的现实性；既指出老年人有其不可回避的“丧失”，又指出在这种丧失到来时，老年人并非一定都是无能为力的。其内容主要包括：老年人的感觉知觉特征及护理中的应对、老年人的记忆特征及护理中的应对、老年人的性格特征及应对、老年人的气质特征及应对等九章。

经典案例

王华父亲的变化

王华的父亲转眼间就已经跨入老年人的行列，现在已经70多岁。王华亲眼看到了他身上发生的一点一点的变化。他的体力大不如前，年轻时走路快如风，说话声如钟，耳聪目明，能挑能扛，最重可以挑起150斤的稻谷。饭量也大，不用什么菜就可以一下子吃完3大海碗白米饭。现在却一头白发，在他耳朵边大声说话他才能听得到，有时在他跟前走过，他也看不清楚，走路颤巍巍的。吃饭也就一小碗，有时喝点白米粥。精神也大不如前，常常在冬日的暖阳下靠墙坐着，昏昏欲睡。

他经常忘记自己刚刚拿过或用过的东西放在了什么位置，忘记叮嘱他做的事情；当华华问他在几天前他说过的一件事情时，他却说自己没说过。年轻时喜欢热闹，现在却不太喜欢走亲访友，总是独自呆在家里，把电视放得很大声。子女相继成家独立后，他经常抱怨他们在自己身边的时间太少，而且对他们的言行举止不满。

孙辈们都说，祖父太固执，思想太僵化，对自己认定的事情，八头牛也拉不回。他经常回忆起过去，说自己经常梦见年轻时的事情。过年大家团聚的时候，就喜欢和儿女和孙子、外甥们说自己年轻时候的经历和故事，尽管这些故事说了一百遍，一开口孩子们就能背出来。还说自己这一生过得还值得，很想写一部自传，总结自己这一生。

请你分析一下王华的父亲晚年发生的变化。

案例分析：

王华父亲的变化比较典型地表现了成年晚期个体生理、认知、社会性和人格方面一般性变化特点。首先，进入老年期后，个体生理上会总体上表现为退行性变化的趋势，人体各大系统均出现功能退化，从而导致王华父亲听力、体力、精力、食欲、食量等均大不如前。其次在认知上由于神经系统的退行性改变，老年人会常常出现短时记忆容量下降、记忆抗干扰能力以及自主使用记忆策略的能力降低，流体智力下降，在王华父亲身上表现为健忘的特点；再次，在社会性发展上，老年人要面对退休后的适应，社会交往结构的变化、再适应再社会化的过程、空巢期、孤独、心理转型、对死亡的准备心态等社会心理事件，有的老人在对这些社会心理事件进行适应的过程中资源不足、效能不佳，就比较容易产生心理或情绪问题，有的老人会出现逃避现实、把自己封闭起来的情况，王华的父亲年轻的时候喜欢热闹，现在不想走亲访友，选择独自呆在家里可能就体现了这种倾向。最后，人格发展上，成年晚期个体自我中心化加剧，容易孤独、固执刻板、适应性差，趋于保守、好回忆往事，王华父亲的表现比较典型地体现了这些特点。

国外养老社区和模式经典案例介绍：

(1) 英国老年社区的特点：配套设施齐全的全龄化大型老年社区：世界上较早进入“银发”时代的国家——英国，对老年人采取的社区照顾的模式，取得了相当不错的成效。这一模式，对于逐渐步入老龄化的中国，有相当大的借鉴意义。

英国的老年社区建筑规模大，有各种各样的俱乐部，开设的课程和组织的活动超过 80 种以上。具有完善的配套设施与功能区划分，是集合了居住，商业服务，度假疗养为一体的大型综合社区。

现在，英国 65 岁以上的老年人超过 1000 万，约占全国总人口的 18%，75 岁以上的老年人亦有 370 万。英国人的平均寿命，男性已增至 71 岁，女性更是增至 77 岁。如今英国已出现了一些“老年人城市”，如贝克斯希尔、海斯汀、伊斯特邦等，这些度假城市风景如画，退休的老年人纷纷迁入安度晚年，城市中老龄人口已占 20%～50%。面对日益庞大的老年人群，英国是如何解决他们的养老问题的呢？从 20 世纪 90 年代开始，英国就将养老问题纳入社区，对老年人采取了社区照顾的模式。

社区照顾的主要内容包括：

第一，生活照料（饮食起居的照顾，打扫卫生，代为购物等）。生活照料又分为：居家服务、家庭照顾、老年人公寓、托老所等 4 种形式。

第二，物质支援（提供食物、安装设施、减免税收等）。如，地方或志愿者组织用专车供应热饭，负责为他们安装楼梯、浴室、厕所等处的扶手，设置无台阶通道和电器、暖气设备等设施，改建厨房和房门等。

第三，心理支持（治病、护理、传授养生之道等）。如，保健医生上门为老年人看病，免处方费；保健访问者上门为老年人传授养生之道，如保暖、防止瘫痪、营养及帮助老年人预防疾病等。另外，还规定了为老年人提供视力、听力、牙齿、精神等方面的特殊服务。

第四，整体关怀（改善生活环境、发动周围资源予以支持等）。如，由英国出资兴办具有综合服务功能的社区活动中心，为老年人提供一个娱乐、社交的场所。行动不便的老年人则由中心定期派专车接送。同时，为帮助老年人摆脱孤独，促进心智健康，适当增加老年人的收入，社区为老年人提供力所能及的钟点场所——老年人工作室。

社区照顾与传统的家庭养老和集中院舍养老相比，具有很大的优越性，它融合了传统的家庭养老和集中院舍养老之长，更符合人道的原则，更注重对老年人心理和情感上的关怀，使老年人过上了正常化的生活，提高了老年人生活的质量。

(2) 丹麦老年住宅的特点：环境优美，设计精当：在丹麦，目前最流行是自助养老社区（DIY）。在那里，老人们可以做自己想做的事，可以约上老友，或是志趣相同的伙伴住在一起，一块儿钓钓鱼、养养花，共同建设属于他们自己的家园，独享的公寓，共享的餐饮、花园，个性化的小手工艺车间、小农场等，乡村城市、田园风光般的美丽和宁静，众多的庄园点缀广阔绿野上，开阔的乡间公路，如画图一般的古老的乡村教堂，独具丹麦风味的小餐馆，构成和谐的生活画卷。老人们只要想到的，在这儿都能得到充分地满足，他们还可共同租用特别的照料服务，这种社区在哥本哈根郊区每月要1000欧元。

(3) 德国的养老社区的特点：老年住宅与养老院相结合：德国老年产业分为两种体系：社会住宅体系，养老院体系。

社会住宅体系里的老年住宅，内部多为无障碍设计，政府对老人住房采取补贴措施。在生活援助方面，老年住宅房产主与民间福利团体签订提供服务的合同。该合同可成为房产主获得建设资金贷款的融资条件。

养老院体系里的老年住宅是一种接近住宅形式的养老院。在规划上，设计者把社会体系的老年住宅和养老院毗邻建设，以便在设置服务网点和急救站时，两者能共用。

(4)亚洲国家的养老社区：亚洲国家中，日本、新加坡等也逐步进入了老年型国家之列。因为有较雄厚的经济实力，这些国家一方面汲取了西方社会福利养老的特点，充分赋予老年人优厚的社保；另一方面，基于传统东方家庭观念的延续，它们还致力于开发家庭养老的功能，如提倡和鼓励"多代同居"(例如"两代居"集合住宅和"多代同堂组屋"等)。

日本的老龄人的生活质量是在良好的社会保险保障体系的基础上实现的。提供无障碍设施的老龄人住宅产品、具有看护性质的老龄人住宅产品、能和家人共同生活(二代居)的住宅产品。老年人住宅产品与其他租售性质的住宅产品混合设计在一个生活社区内，突出自助自理。

新加坡的养老社区一般兴建在成熟的社区中。公寓户型一般分为35平方米和45平方米，为一位或两位老年人提供生活空间。住宅的户型设计及内部结构设计标准的特殊化考虑。这些养老社区的理念、人文关怀的表现都值得我们借鉴。

(5) 异地养老模式：异地养老、跨国发展养老产业在欧洲渐成潮流。挪威的卑尔根、奥斯陆、贝鲁姆等市已经先后在西班牙南部开设了大型养老公寓，那里低廉的地产价格，充足的阳光，吸引着越来越多的企业和老年人。北欧其他国家的老人到西班牙养老，看中的不仅是那里自然环境，还有功能齐全的养老设施、良好的公共医疗卫生服务、保险服务等。与此同时，西班牙的实业家们也盯紧了那些希望来西班牙养老的北欧人的"钱口袋"，异地养老实在是一项互利双赢的好事情，已经被越来越多的国家、企业和老年人所认可。比如一家大型投资公司沿西班牙海岸建设大型养老社区，配套建设商场、剧院、医院、24小时安保等，每月费用在2000欧元左右，建成后不仅吸引了西班牙老年人，而且吸引北欧国家众多喜欢阳光的老人来到西班牙异地养老。

五、巩固习题与答案

(一) 填空题

1. ______是最早正式研究老年心理的心理学家，他于1922年出版了《______》一书；______最早提出研究成人期；______最先提出追求人的心理发展全貌。

2. 总体而言，西方发达国家大多把______岁看作是进入老年的标志年龄，而一些经济欠发达的发展中国家则多把______岁作为老年的起点，根据我国的实际情况，中华医学会老年医学会在1982年也把______岁以上确定为划分老年人的标准。

3. 具体来说，老年人生理功能的改变主要体现在______和__________上。

4. 成年晚期的认知活动较为复杂，不能仅仅用增长或衰退任何一个单一的维度来描述，而是呈现出__________的复杂模式，因此必须综合进行具体分析。

5. 老年人的思维存在着比年轻人更明显的__________倾向。

6. 老年人记忆的减退主要表现为__________的减退。

7. 在认知老化理论中，__________理论认为认知老化是由于老年人感觉器官衰退的结果；__________理论则认为，工作记忆的年龄差异是由于老年人对无关刺激的抑制下降的原因。

8. 对老年人记忆的相关研究结果表明，老年人的________记忆好于________记忆、老年人的________成绩好于________成绩、老年人的________识记好于________识记、老年人________记忆好于________记忆。

9. 对于成年晚期个体记忆力下降的解释，目前主要集中在以下三个方面：__________、__________、__________。

10. 根据国外学者 Isaacowitz 和 Smith 的研究，发现__________和__________才是老年人最强有力的积极情感和消极情感的预测源，而并不是我们传统观念认为的年龄因素。

11. 成年晚期的感情发展有其独有的规律和特点，老年人的__________、__________和__________是研究老年人主观幸福感的三个基本维度。

12. 埃里克森认为，个体的心理社会性发展贯穿于整个生命全程的各个阶段，在成年晚期，个体面临的心理社会性危机是__________。老年期是个体心理社会性发展的第八个阶段，属于个体的成熟期，这一阶段的发展任务就是__________。

13. 美国心理学家罗伯特·佩克提出的老年心理社会性任务理论强调老年人对重大生活事件的适应能力，主张从__________的角度来促进老年心理社会性发展。

14. 维兰特的情绪健康理论认为那些发展出__________的老年个体在遇到人生中的重大变故和一些重大生活事件时，能够使用"__________"来平静地作出反应，而不会发展为暴怒、责怪、沮丧等消极情感，从而促进了情感满意度和身心健康的发展，有利于实现成功老龄化的目标。

15. 丧偶后的老年人可以通过__________、__________、__________、__________等各种方式，积极融入到社会生活中去，以一个全新的社会角色来应对丧偶带来的挑战，通过形成一种新的亲密关系或建立一种新的独立生活方式来适应全新的生活。

16. 一部分老年人认为死亡是一种自我的幻灭和丧失，是人生的最大失败，因而对死亡表现出更大的抗拒和焦虑。一项回归分析的研究发现，__________是老年人对临终和死后所未知的一切恐惧的重要预测变量。

17. 随着世界人口老龄化的加速，"临终关怀"这一概念逐渐进入人们的视野。临终关怀的目的既不是治疗疾病或延长生命，也不是加速死亡，而是__________。临终关怀的对象主要包括__________。

18. 老年人人格的变化大体趋势有：__________、__________、__________等。

19. Vaillant 等研究者指出成功老龄化应该包括三个方面的内容：__________、__________、__________。根据这些维度，他将老龄人群分为三类：__________、__________和__________。

20. 成功老龄化的元理论模型——选择补偿最优化模型（SOC 模型）认为成功老龄化适

应要整合以下三种过程：__________、__________和__________。

（二）单项选择题

1. 根据科索的研究，老年人最早开始衰退的是（　　）
   A. 视觉　　B. 听觉
   C. 味觉　　D. 嗅觉
2. 研究表明，人的听力最佳年龄是（　　）
   A. 20岁　　B. 30岁
   C. 35岁　　D. 15岁
3. （　　）揭示了愉快、乐观的情绪和健康长寿之间的内在联系
   A. 荣格　　B. 艾森克
   C. 巴甫洛夫　　D. 阿特金森
4. 大多数长寿老人一般都具有的主要心理特点，**不包括**（　　）
   A. 热爱生活　　B. 性格开朗
   C. 乐于交往　　D. 达到自我实现
5. 我国较系统的老年心理学研究开始于（　　）
   A. 80年代　　B. 70年代
   C. 60年代　　D. 90年代
6. （　　）是毕生发展心理学的代表人物
   A. 卡特尔　　B. 巴尔特斯
   C. 霍尔　　D. 彪勒
7. 下列对老年期的记忆特点的描述中，**不正确**的是（　　）
   A. 机械识记减退　　B. 记忆广度下降
   C. 规定时间内的速度记忆衰退　　D. 回忆力显著下降，但再认能力较好
8. 造成老年人记忆减退的原因，正确的是（　　）
   A. 记忆过程的全面减退　　B. 信息保持或存储减退
   C. 信息提取发生困难　　D. 记忆痕迹减弱
9. 老年性智力衰退的众多表现中，较为严重的是（　　）
   A. 记忆障碍　　B. 老年痴呆
   C. 思维固执　　D. 持久性差
10. 韦克斯勒成人智力量表简称为（　　）
    A. WAIS　　B. WISC
    C. WPPSI　　D. WAIS—RC
11. 艾里克森认为，老年期的任务是发展出（　　）感，克服绝望感
    A. 勤奋　　B. 自我完善
    C. 同一性　　D. 亲密
12. 老年人记忆的减退主要表现为（　　）的减退
    A. 意义记忆　　B. 远期记忆
    C. 感觉记忆　　D. 再现记忆
13. 在整个成年期中，（　　）呈逐渐下降的趋势
    A. 流体智力　　B. 晶体智力

C. 一般智力　　D. 特殊智力

14. 发展依赖于文化适应力的增强和生活经验的积累，并在整个成年一直在增长的是（　　）

A. 晶体智力　　B. 分析智力

C. 流体智力　　D. 言语智力

15. 下列哪项是反映人口老龄化的主要指标（　　）

A. 老年人口系数　　B. 年龄中位数

C. 老年人口负担系数　　D. 长寿水平

16. 老年人对下列哪种情况记忆力较好（　　）

A. 听过或看过一段时间的事物　　B. 曾感知过而不在眼前的事物

C. 生疏事物的内容　　D. 与过去有关的事物

17. 老年人视觉功能减退的表现**不正确**的是（　　）

A. 老视眼，无法看清近距离物体

B. 不能忍受强光刺激

C. 对光线明暗的适应力降低，夜间视力较差，阅读时，需要较亮的光线

D. 对颜色的分辨力较差，尤其是红色、绿色和紫色

18. 下列哪项**不符合**老年性聋的特点（　　）

A. 双侧对称性听力下降，以低频听力下降为主

B. 常伴有高频性耳鸣，开始为间歇性，渐渐发展成持续性

C. 常有听觉重振现象，即"低音听不见，高音又感觉刺耳难受"

D. 能听见但听不清楚别人说话

19. 下列哪项**不符合**老年人骨折特点（　　）

A. 骨折后并发症多

B. 易发生畸形愈合

C. 骨折愈合及功能恢复较慢

D. 骨折发生的几率较低，但发生后死亡率较高

20. 老年人智力特点下列描述**错误的**是（　　）

A. 知觉整合能力随增龄而逐渐减退

B. 近事记忆力及注意力逐渐减退

C. 词汇理解能力随增龄而逐渐减退

D. 晶体智力并不随增龄而逐渐减退

（三）简答题

1. 请简要概述一下成年晚期个体的生理特点。
2. 请简要概括一下老年人的认知活动有何显著特点。
3. 如何理解老年人智力发展的"可塑性"？
4. 请阐述成年晚期感情发展的一般特点。
5. 请概述成年晚期个体面临的挑战和任务。
6. 成年晚期个体对退休的适应一般会经历哪几个阶段？
7. 请简述老年人如何适应"空巢"这一人生变化。
8. 请概括成人晚期个体人格发展变化的一般特点和人格类型。

（四）论述题

1. 请简要论述成年晚期个体记忆力下降的机制。

2. 请论述一下屈布勒 - 罗斯临终阶段理论。

3. 请从临终者基本需求的角度论述临终关怀的主要内容。

4. 试评述毕生发展观的主要观点。

六、参考答案

（一）填空题

1. 霍尔、老年期、荣格、何林渥斯；

2. 65、60、60；

3. 感知觉的退行性变化、人体各个系统的功能退化；

4. 增长中有衰退、衰退中有增长；

5. 自我中心化；

6. 回忆能力；

7. 感觉功能、抑制能力下降；

8. 初级、次级；再认、回忆；意义、机械；日常生活、实验室；

9. 环境因素、信息加工缺陷和生物因素；

10. 人格、一般智力；

11. 认知评价、积极情绪情感、消极情绪情感；

12. 自我完善对失望、获得完美感，避免失望感；

13. 帮助老年人认识和应对老龄化带来的任务或挑战；

14. 良好心理弹性、成熟适应机制；

15. 转移注意、培养兴趣、发展友谊、参加社区活动

16. 自我效能感

17. 改善临终者余寿的生存质量、临终者和他们的家属；

18. 自我中心化加剧；容易导致不安全感、孤独感和失落感；适应性差、拘泥刻板、趋于保守以及好回忆往事；

19. 发生疾病和疾病相关残疾的概率低、高水平认知功能和躯体功能、对生活的积极参与（如人际交往和生产活动）；成功老龄、常态老龄、病态老龄；

20. 选择（selection）、补偿（compensation）、最优化（optimization）；

（二）单项选择题

1. B	2. A	3. C	4. D	5. A	6. C	7. D	8. C	9. B	10. A
11. B	12. D	13. A	14. A	15. A	16. D	17. D	18. D	19. D	20. C

（三）简答题

1. 请简要概述一下成年晚期个体的生理特点。

在成人晚期，个体生理功能在总体趋势上会出现退行性改变，这是衰老过程在个体生理上的自然反应。随着老龄化的进展，老年人主要器官系统的功能储备减退十分明显，逐渐呈现出明显的退行性变化，生物性衰老进程明显加快。虽然老年人的生理变化有个体差异，但总体上讲，个体的健康水平是影响生物性衰老进程的主要因素。在成人晚期的各种发展变化中，感知觉的退行性变化最为明显。进入老年期后，个体的各项生理功能都发生

较大退化，如毛发脱落、脊柱弯曲、骨质疏松、记忆力下降等，各种老年疾病开始出现，生活也逐渐依赖他人。具体来讲，可以分为形态结构和生理功能两个方面的退行性变化。

2. 请简要概括一下老年人的认知活动有何显著特点。

综合来看，成年晚期的认知活动具有三个显著的特点：

一是在总体趋势上呈现退行性变化。虽然具有较大的个体差异，但总体上老年人的认知是随着增龄而呈现减退或老化而不是增长或发展。

二是发展的终身性。老年人认知方面退行性变化的总趋势并不代表他们的认知发展完全停止或是减退，而是始终在持续进行，在一些特定领域，如高级认知功能思维、晶体智力等方面还保持着增长，这种发展的能力是终身的。

三是认知的差异性。这种差异性，一方面表现为同一个体不同心理功能老化的早晚和速率都不尽相同，如受生理因素影响较大的感知觉衰退得较早较快，而跟思维相关的高级认知活动能力则老化得较晚较慢。另一方面，在不同个体之间认知的发展状况也有很大差异。有些老年人，甚至是高龄老人，仍然担任着政府或国际组织高官或大中型企事业单位的领导者和决策者，仍然表现出高于常人的洞察力和相当高的智慧。

3. 如何理解老年人智力发展的“可塑性”？

发展心理学家华纳·沙伊（K.Warner Schaie）在著名的“西雅图研究”中得出了“老年人的智力能力和环境因素存在相关性”的结论后，便与他的同事谢莉·威利斯（Sherry L. Willis）进行了一系列的研究，旨在通过开发出一套认知训练方法，以帮助老年人保持他们的信息加工能力。研究结果改变了人们长期以来对老年人智力持续衰退的成见，提出了老年人智力“可塑性”的概念，表明成年晚期可能发生的智力改变并不是固定不变的。当在一定的时机受到适当的刺激、练习和激励时，老年人就能够保持他们的智力。由此可见，我们的命运大部分掌握在我们自己手里，老年人的智力发展和人类其他领域的发展一样，同样符合“用进废退”的基本原则，即一些特定的认知功能在某种程度上依赖于老年人是否经常使用它们。

4. 请阐述成年晚期感情发展的一般特点。

（1）老年人感情日益内敛，更善于控制自己的情绪。大多老年人表现为老成持重，心境恬淡，遇事一般不会喜怒形于色，能理性地应对各种生活事件，有些人甚至能够达到“不以物喜，不以己悲”的感情境界。同时老年人更加理性，做事不急不躁，三思而后行，遇事一般不慌不忙，不容易冲动，同时善于克制自己的不满和愤怒情绪。

（2）老年人的情绪体验比较强烈而持久。随着年龄的增长，一方面，老年人人生经历日益丰富，人生阅历和经验增强了他们对熟悉事物的适应水平，他们遇事更不容易冲动或出现大起大落的情绪情感体验。但另一方面，由于生理功能的日渐衰退，老年人机体本身的适应能力和控制能力，也开始逐步减弱，所以当他们遇到外界刺激，情绪往往很容易产生波动。同时老年人中枢神经系统过度活动倾向和较高的唤醒水平，使得他们的情绪呈现出内在、强烈而持久的特点。当碰到激动的事件，老年人仍然能像年轻人一样暴发出强烈的情绪，而且一旦被激发，就需要较长的时间才能恢复平静。

（3）老年人的积极情感和消极情感并存。传统观点认为，由于成年晚期个体生理、心理的退行性变化以及退休后经济状况、社会地位的降低、社会角色的弱化和交往活动的减少，老年人容易产生抑郁感、孤独感、衰老感、无助感和自卑感等消极的情绪情感。但这种观点受到了一些研究者的挑战，他们指出，造成这样误解的原因，主要是由于大众对于老年人持一种“老年人是不快乐的”错误的刻板印象。

5. 请概述成年晚期个体面临的挑战和任务。

概括而言，西方心理学家认为成年晚期个体面临三大挑战和四项发展任务。

三大挑战包括：①适应生理上的变化；②重新认识过去、现在和未来；③形成新的生活结构。

四项发展任务为：①接受自己（退休后）的生活；②促进智力发展；③将精力投入到新的角色和活动中；④形成科学的死亡观。

6. 成年晚期个体对退休的适应一般会经历哪几个阶段？

虽然对待退休的态度因人而异，适应的快慢也不尽相同，但根据 Atchley（2001）等人的研究，认为退休一般会经历期望、过渡和最终适应等三个阶段，整个阶段又包括以下几个时期：

（1）蜜月期：刚刚从工作中解放的老年人，首先进入蜜月期，他们会感到一种自由感和轻松感，可以参加之前由于工作原因而无法安排的各种活动。

（2）清醒期：老年人慢慢会觉得退休并不像自己原先想象的那样美好，退休后的各种不适应困扰着他们，他们开始想念工作时的成就、奖励、同事情谊，想念工作过的车间、厂房、办公室等，他们发现自己已经不能够重新紧张和忙碌起来，感到一切都是灰蒙蒙的，退休的生活空虚而无助。

（3）重新定位期：在这个阶段，大多数老年人已经意识到退休是一个客观的存在，并付诸努力主动地适应这一变化。他们开始重新考虑自己的选择，帮助自己完成从工作角色专注转向自我角色分化，通过发展家庭角色、社区角色、朋友角色等社会角色来努力弱化工作角色在自我评价中所占的比重，对自己进行重新定位。同时参与新的更加充实的活动，在工作外的新的舞台上重新找到自己的位置，在各种各样的活动中发展新的自我，力求重新获得成就感和满足感。

（4）平淡期：经过给自己的角色重新定位，他们开始接受了退休的现实，以积极的态度和振奋的精神培养自己多方面的兴趣，并从各种新的丰富多彩的活动和生活中真正体验到快乐和满足。

（5）稳固期：经过平淡期的适应，退休后的老年人大多能结束对这种变化的纠结，认识到退休就像一个人的出生、毕业、婚恋一样，是人生的某个阶段必须经历和接受的生活事件，从而能在思想和情感上更加理性和客观地对待退休。

7. 请简述老年人如何适应“空巢”这一人生变化。

（1）未雨绸缪，正视“空巢”这一客观现象：有一些老年人对空巢心理准备不足，不愿面对，忽视、回避，岂不知忽视带来的副作用会更大，只有积极正视才能有效防止空巢带来的家庭情感危机。

（2）广交朋友，积极培养兴趣，丰富生活，冲淡空巢心理：广交朋友是老年人克服空巢心理的极佳途径。同时要积极培养自己的兴趣爱好，与社会保持密切联系和接触，便于转移关注中心，排解不良情绪，冲淡空巢心理，克服心理危机。

（3）积极投身到社会，重新确立追求目标，发挥余热，老有所为：对于一些身体较好的老人，积极参加社会活动是充实心理，克服空虚的良好途径。当老年人一旦有了一个全新目标，就能把他们的注意力从“空巢”带来的失落中转移出来，因而非常有利于他们的心理健康。

（4）自我调适，乐观生活，重新构建有规律的生活：老年人可找一些大众型的心理学、保健学等方面的书籍看看，以学会自我调适心情。老人最好请医生根据自己的身体状况，为自己制定一个科学的生活作息时间表，再按时间表起居，这对保养身体，克服心理问题是极为有利的。

8. 请概括成人晚期个体人格发展变化的一般特点和人格类型。

老年人的人格特征既有稳定的一面，又有变化的一面，但稳定多于变化。老年人人格的发展变化的一般特点和大体趋势有：自我中心化加剧；容易导致不安全感、孤独感和失落感；适应性差、拘泥刻板、趋于保守以及好回忆往事等。

由于老年人的经历、所处的环境条件和心理素质不同，故他们的适应状况、适应水平和适应方式都会有所不同。根据他们的适应方式和适应水平的特点，可将其人格大体分为以下六个类型：

（1）成熟型：此种类型老年人的主要特点是性格开朗、外向，和蔼可亲，随和善良，乐于助人，容易与人交往。

（2）安乐型：该型老年人对自己的过去无怨无悔，能接受退休的现实，对人生有着自己的理解，人际关系随和。

（3）进取型：进取型也称奋进型，该型老年人的主要特点是身体健康、精力充沛、头脑灵活，他们积极进取，充分发挥自己的才能。

（4）防御型：根据精神分析的理论，这类老年人内在焦虑水平很高，他们有强烈的事业心，不服老，不愿面对老年期生理上退行性变化的现实，退休后大多仍设法继续工作，把自己置身于忙忙碌碌、终日操劳的境地，借此来排除由于身体功能下降而产生的焦虑不安，在意识上逃避承认自己已老化的事实。

（5）怨恨型：该型老年人的主要特点是心存怨恨、缺乏理性、容易发怒、难以自控。由于在归因方式上存在偏差，因而他们往往对社会和别人怀有敌意，在生活中对同事、朋友和家人常无故发怒。

（6）厌世型：该型老年人生活在深深的自责、自罪的内疚之中，总是认为自己这一生的许多选择是错误的，把自己的生活历程看成是失败的一生，悲观厌世。他们看不到自己的优点与成绩，把失败的原因归咎于自己的能力和运气。

（四）论述题

1. 请简要论述成年晚期个体记忆力下降的机制。

对于成年晚期个体记忆力下降的解释，目前主要集中在以下三个方面：环境因素、信息加工缺陷和生物因素。

（1）环境因素：进入老年期后，由于退休、空巢、丧偶等不同生活事件的接踵而至，个体一方面不得不重新适应与原来完全不同的生活环境，另一方面，这种环境因素的改变有可能不利于老年人记忆的保持。比如退休以后的老年个体，不再需要面对来自工作方面的智力挑战，同时面对惬意而闲适的晚年生活，他们也没有太多的要求记忆的艰难任务。这一切都可能导致老年人对记忆的使用不再那么熟练，特别是记忆策略的丧失。除此之外，老年个体日益内省的价值取向和思维方式，使得他们对于外界信息的记忆动机不如以前，在实验测试情境中，他们可能不会像年轻人那样尽力而为，因而在记忆任务时表现出较差的成绩。另一种观点认为，老年人记忆的减退不一定跟年龄有直接关系，而是由于环境因素在其中充当了中间变量。如有研究指出，老年人在记忆任务上的较差表现，可能跟他们长期服用药物导致的副作用有关，而与年龄无关。根据调查，老年人更有可能比年轻人服用一些妨碍记忆的处方药。

（2）信息加工缺陷：老年人记忆减退有可能跟他们对信息获取和加工能力的改变有关。这个方面又包括两种不同的观点。

一种观点是“内存不足说”，认为工作记忆的容量变小是老年人记忆减退的根本原因。工作记忆相当于计算机的“内存”，在对内外信息执行记忆任务时，首先需要把需要进一步处理的信息保持在内存中，并适时地提供给长时记忆系统以便进一步操作。老年人短时记忆的容量有限，很多需要处理的信息不能保留在“内存”中，在进一步处理之前就已遗忘，因而影响了信息加工的能力和成效。另外，由于“内存”的限制，不能同时进行多任务操作，因而老年人在需要同时面对多任务记忆时，往往表现不佳。

另一种观点是“CPU 性能不足论”。这里用的是计算机术语的类比，“CPU”是中央处理器的简称，负责对数据进行处理和运算，被称为是计算机的大脑。个体进入成年晚期后，随着脑细胞数量的减少和中枢神经系统的功能老化，对于信息的处理能力逐渐减弱，记忆加工过程的速度明显减慢，“CPU”的性能出现下降，从感觉登记、信息编码、信息提取到整个记忆过程都需要比年轻时更长的时间，从而导致了老年人的记忆力减退和记忆效率的下降。一方面表现为老年人抑制无关信息和想法的能力可能会减弱，而这些无关信息和想法又会干扰到我们对有效信息注意的保持，从而不利于记忆任务的完成。另一方面，老年人集中精力于新信息的效率也比年轻人差，并且在注意适当刺激、组织记忆材料、运用记忆策略等方面出现了更大的困难。

（3）生物因素：对于成年晚期个体记忆力下降机制的解释集中在生物因素上，根据这种观点，老年人记忆的衰退是由他们大脑和身体的退行性生理改变或功能减退决定的。随着年龄的增长，我们大脑中的新生神经元的数量日益减少，这种现象被认为是生物因素导致老年人记忆下降的主要原因之一。而最近的研究表明，新神经元生成数量的降低，主要是由于我们大脑中成体干细胞存储量减少的缘故。现代研究者认为，海马区是大脑负责记忆与认知功能的关键区域，而新神经元对于大脑的某些层面的记忆有关键性作用。直到最近，科学家们已经在成人大脑的海马区找到了与新神经元生成有关的重要证据。海马细胞的减少与个体记忆能力的下降具有某种程度的关联性。另外一些研究表明，情景记忆的衰退可能与大脑颞叶的退化或雌性激素的减少有关。

2. 请论述一下屈布勒 - 罗斯临终阶段理论。

基于屈布勒 - 罗斯的观察，她在与临终者及其看护者广泛调查接触的基础上，于 1975 年提出了人们在面对死亡的临终过程中要先后经历五个阶段的理论。

（1）拒绝：个体在得知自己即将死亡的消息时，第一反应就是拒绝，不肯承认死亡这么快就即将降临在自己身上。这种拒绝的反应是个体的自我防御机制发生作用的现实表现，它能够为个体应对不利信息提供一个心理上的缓冲地带，为他们的心理适应赢得宝贵时间，帮助人们用他们自己的方式和步伐来吸纳不愉快信息，并最终认可他们即将死亡的事实。

（2）愤怒：在这个阶段中，他们既可能在心理上有愤怒的情绪情感体验，也有可能在现实生活中表现出具体的愤怒行为。

（3）讨价还价：经过了“否认”的心理防御机制和“愤怒”的情绪情感反应后，个体越来越感受到了死亡作为一个事实正日益临近的客观性，但濒死个体似乎更加愿意相信“善有善报”的因果逻辑，往往倾向于以一种“虚拟语气”式的假设来对死亡的到来讨价还价。

(4) 抑郁：当所有的“讨价还价”都无法阻挡死亡临近的脚步时，人们往往会产生巨大的失落感，从而进入了“抑郁”阶段。在这个阶段，他们以一种悲情的眼光看待世界和人生，他们意识到自己即将要和所爱的人生离死别，自己的生命正在真正走向终结。

(5) 接受：这是个体临终心理的最后阶段。在经历上述阶段后，个体逐渐地接受死亡这一无法改变的人生结局，他们完全认识到死亡的迫近对自己意味着什么。在这个阶段，他们常常希望独处，说服自我接受死亡这一客观现实。伴随着情感冷漠和少言寡语，他们对现在和未来已经没有任何积极的和消极的感觉。对处于接受阶段的个体而言，他们能够相对坦然地接受这一现实，死亡再也不能引发进一步痛苦的感觉。

3. 请从临终者基本需求的角度论述临终关怀的主要内容。

一般说来，临终者的需求可分三个水平：①保存生命；②临终期减轻身体病痛；③没有痛苦地死去。因此，当死亡不可避免时，临终者最大的需求是安宁、避免骚扰，亲属随和地陪伴，给予精神安慰和寄托，对美（如花、音乐等）的需要，或者有某些特殊的需要，如写遗嘱，见见最想见的人等。临终者亲属都要尽量给予病人这些精神上的安慰和照料，使他们无痛苦地度过人生最后时刻。因此临终关怀的内容主要包括人身关怀、心理关怀和灵性关怀三个方面。

(1) 人身关怀：通过医护人员及家属的照顾减轻临终者身体上的痛苦，再配合天然健康饮食提升身体能量，提升其人身的舒适度。

(2) 心理关怀：通过理念专业医护人员等的心理疏导，使临终者建立减轻恐惧、不安、焦虑、埋怨、牵挂等心理，令其安心、宽心、并对未来世界（指死后）充满希望及信心。

(3) 灵性关怀：引导和帮助临终者回顾人生寻求生命意义或透过宗教学说及方式建立生命价值观，如永生、升天堂、往西方极乐世界等。

4. 试评述毕生发展观的主要观点。

①个体发展是整个生命发展的过程；②个体的发展是多方面、多层次的；③个体的发展是由多种因素共同决定的；④生物和文化共同进化的结构构成了毕生发展的总体框架；⑤发展是带有补偿的选择性最优化的结果。（soc 模型的论述）

（江西中医药大学　吴寒斌）